农民培训精品系列教材

农业技术员

可　欣　张金龙　武连斌　吴国金　吴晚信　郐可令◎主编

中国农业科学技术出版社

图书在版编目(CIP)数据

农业技术员／可欣等主编. --北京：中国农业科学技术
出版社，2024.5

ISBN 978-7-5116-6743-4

Ⅰ.①农…　Ⅱ.①可…　Ⅲ.①农业技术-技术培训-教材
Ⅳ.①S

中国国家版本馆 CIP 数据核字(2024)第 066612 号

责任编辑	张国锋
责任校对	李向荣
责任印制	姜义伟　王思文

出 版 者　中国农业科学技术出版社
　　　　　北京市中关村南大街 12 号　　邮编：100081
电　　话　(010) 82109705 (编辑室)　　(010) 82106624 (发行部)
　　　　　(010) 82109709 (读者服务部)
网　　址　https://castp.caas.cn
经 销 者　各地新华书店
印 刷 者　北京富泰印刷有限责任公司
开　　本　145 mm×210 mm　1/32
印　　张　5
字　　数　140 千字
版　　次　2024 年 5 月第 1 版　2024 年 5 月第 1 次印刷
定　　价　39.80 元

《农业技术员》
编写人员

主　编　可　欣　张金龙　武连斌　吴国金
吴晚信　邬可令

副主编　张洪立　　赵亚宁　　阮　昊　李安国
彭瀚宗仁　高　娟　　高光祥　钱海林
唐红明　　于占武　　席锦锦　陈新辉
黄雪玲　　李晓丹　　何昕鉴　刘　薇
陈廷明　　谢开美　　彭爱霞　韩新慧
保善平　　陈勇朋　　罗恒东　王成有
曹　奎　　朱涵珍　　远兵强　杨兆武
罗建光　　李开富　　把升亮　黄平钰
侯志超　　刘　波　　张　倩　孙利强

编　委　成　玉　　饶品锋　　赵成平　陈小龙
温琴华　　吴俊峰　　原　敦　罗永春

前　言

民以食为天。我国是一个农业大国，农业自古就是国民经济的重要支撑。虽然我国目前的城市化进程不断加深，但是，仍然有相当一部分农民在乡村务农。随着时代和科技的发展，如今的农民与过去相比已经发生了翻天覆地的变化，他们借助新的技术开创了新的历史篇章。

随着社会发展和科学进步，农业新成果、新技术、新品种不断涌现，知识不断更新。为了普及农业科技知识，尽快提高科学种田水平，进一步规范和统一常规农作物田间管理，为农村基层科技人员在实践中提供参考，我们将近年来在从事农业技术工作中常用的一些简易田间操作技术和技术资料整理成册，以提高广大农村基层科技人员业务水平，并作为农村传播农业技术知识的读本，或作为培训农村基层科技人员的教科书。

本书共八章，包括农作物植保员、果树技术员、蔬菜技术员、食用菌栽培技术员、水产养殖技术员、家畜繁殖技术员、家禽繁殖技术员、农机操作技术员等内容。

由于编者水平有限，掌握的文献资料还不够全面，难免有疏漏和不足之处，敬请读者批评指正。

编　者

2023 年 5 月

目　　录

第一章　农作物植保员

第一节　农业植保员的职业道德

一、职业道德的概念

职业道德是社会道德体系的重要组成部分，是人们在一定的职业活动范围内所应当遵守的，与其特定职业活动相适应的行为规范的总和。职业道德是在长期实践过程中形成的，作为经验和传统继承下来的行为规范。职业道德通过人们的信念、习惯和社会舆论而起作用，成为人们评判是非、辨别好坏的标准和尺度，也成为担负不同社会责任和服务的人员应当遵循的道德准则。

职业道德可分为两个方面：一般意义上的职业道德和分行业的职业道德。前者是所有的职业活动对人的普遍道德要求，后者则是职业对从业人员道德行为的具体要求。

同一种职业在不同的社会经济发展阶段，因服务对象、服务手段、职业利益、职业责任和义务相对稳定，职业行为道德要求的核心内容被继承和发扬，从而形成了被不同社会发展阶段普遍认同的职业道德规范。职业道德的作用表现在：调节职业交往中从业人员内部以及从业人员与服务对象间的关系；维护和提高本行业的信誉；促进本行业的发展；提高全社会的道德水平。

二、职业守则

农作物植保员是一项从事预防和控制病、虫、草、鼠以及其他有害生物对农作物生长过程的危害，保证农产品安全的职业。农作物植保员的职业守则是：遵纪守法、敬业爱岗；规范操作、注意安全；认真负责、实事求是；忠于职守、热情服务；勤奋好学、精益求精；团结协作、勇于创新。

（一）遵纪守法、敬业爱岗

遵纪守法既是对一名社会公民的基本要求，也是从业人员的必备素质。作为一名普通公民，要遵守国家一般法律法规；作为某一行业从业人员，还要遵守特定的职业纪律和与职业活动相关的法律法规。敬业爱岗，要求从业人员在开展职业活动过程中，清楚认识自身工作的社会价值，树立职业荣誉感和责任感，真诚热爱本职工作，兢兢业业、不辞辛苦，忠实自觉履行职业责任。

（二）规范操作、注意安全

在开展职业活动过程中，要始终将安全问题放在首位，严格落实本职业安全生产管理规定，严格执行相应职业活动的管理办法、技术标准、操作规程等规范性文件要求。通过开展技术培训与考核，使从业人员牢牢树立安全意识，不断提高规范操作能力和水平，保证职业活动安全、高效开展。

（三）认真负责、实事求是

认真负责、实事求是不仅是从业人员自身职业素养的良好体现，也是职业活动对从业人员的客观要求。在开展职业活动过程中，从业人员往往需要充分运用专业知识、技能和经验，处理内容复杂、程序繁多、技术要求高的工作，只有始终秉持务实、求实、唯实的严谨态度，才能保证不受干扰地做出正确判断，执行有效操作，从而达成职业活动目标。

（四）忠于职守、热情服务

大多数职业活动的具体过程是默默无闻、枯燥烦琐的，从业人员不仅需要克服生产生活中的各种困难，还需要始终保持勤勤恳恳、任劳任怨、甘于寂寞、乐于奉献的精神，把自己远大的理想和追求落到工作实处，在平凡的工作岗位上作出自己的贡献。另外，在开展职业活动过程中还要树立良好的服务意识，对人谦虚尊重、言谈举止得体、服务热情周到。

（五）勤奋好学、精益求精

随着专业领域科学技术的迅速发展和装备、技术以及生产方式的不断更新，从业人员也需要及时学习新的专业理论知识和操作技能。只有秉持勤奋好学、精益求精的专业精神，不断吸收先进科技成果、丰富生产实践经验、提高业务能力素养，才能在快速变革的行业中保持先进生产力，为实现良好的个人职业发展奠定基础，为行业发展和社会进步作出更大贡献。

（六）团结协作、勇于创新

职业活动具有复杂性，一项职业活动的开展离不开团队内部的分工合作，也离不开与外部环境、人员的互动。与此同时，在开展活动过程中，从业人员往往面临形势变化和突发情况，经常遇到未知的困难和挑战。只有团结一致、高效协作、奋发进取、不断创新，才有可能突破困境，最终实现职业活动的目标。

第二节 农作物植保员岗位技能

作为一名合格的植保员，首先必须掌握与植保工作相关的基础知识，如病虫害是怎样发生的？引起病虫害有哪些病原物和昆虫？我们常说"对症下药"，因此正确的诊断是防治病虫害的第一步，也是关键的一步。如何才能准确诊断出病害或虫害的种类，就需要掌握植物病害和农业昆虫的基本知识和田间诊断的技能。如蔬菜叶片变黄，是病害还是缺肥引起的，除要仔细观察叶片的症状和发生发展的情况外，还要结合周围叶片情况和环境综合考虑。诊断工作是一项专业的工作，还需要了解种子、水肥管理、土壤、气候及保护地，如日光温室内的小气候等诸多知识。

为了制定合理的防治措施，确定防治的时间，必须进行田间调查，掌握病虫害发生的规律，这就要掌握田间调查的方法，如防治害虫时要掌握在害虫幼龄（三龄以前）时期防治，到了成虫耐药性强的时候防治，效果不好。做好病虫害的防治工作，还要懂得农药（如杀虫剂、杀螨剂、杀菌剂、杀线虫剂、除草剂）以及植物生长调节剂的种类和性能、使用时的注意事项、喷施农药的器械使用和保养等方面的知识。

第三节　农作物病虫害预测

依据病虫害的发生流行规律，利用经验的或系统模拟的方法估计一定时间之后病虫害的发生流行状况，称为预测。由权威机构发布预测结果，称为预报。有时对这两者并不作出严格的区分，通称为病虫害预测预报，简称病虫害预报。代表一定时限后病虫害发生流行状况的指标，例如，病虫害发生期、发生数量和发生流行程度的级别等称为预（测）报量；而据以估计预报量的发生流行因素称为预报（测）因子。目前，病虫害预测的主要目的是用作防治决策参考和确定药剂防治的时机、次数和范围。

一、预测的内容

病虫害预测主要是预测其发生期、发生或流行程度和导致的作物损失。

（一）病虫害发生期预测

主要是估计病虫害可能发生的时期。对于害虫来说，通常是特定的虫态、虫龄出现的日期；而病害则主要是侵染临界期。如果树和蔬菜病害多根据小气候因子预测病原菌集中侵染的时期，以确定喷药防治的适宜时期。这种预测也称为侵染期预测。德国一种马铃薯晚疫病预测方法是在流行始期到达之前，预测无侵染发生，发出安全预报，这称为负预测。

（二）发生或流行程度预测

主要是预测有害生物可能发生的量或流行的程度。预测结果可用具体的虫口或发病数量（发病率、严重度、病情指数等）作定量的表达，也可用发生、流行级别作定性的表达。发生、流行级别多分为大发生（流行）、中度发生（流行）、轻度发生（流行）和不发生（流行），具体分级标准根据病虫害发生数量或作物损失率来确定，因病虫害种类而异。

（三）损失预测

损失预测也称为损失估计，主要是在病虫害发生期、发生量等预测的基础上，根据作物生育期和病虫害猖獗相结合，进一步研究预测某种作物的危险生育期，是否完全与病虫害破坏力、侵入力最强而且数量最多的时期相遇，从而推断灾害程度的轻重或所造成损失的大小；配合发生量预测，进一步划分防治对象、防治次数，并选择合适的防治方法，控制或减少为害损失。在病虫害综合防治中，常应用经济损害水平和经济阈值等概念。前者是指造成经济损失的最低有害生物（或发病）数量，后者是指应该采取防治措施时的数量。损失预测结果可以确定有害生物的发生是否已经接近或达到经济阈值，用于指导防治。

二、预测时限与预测类型

按照预测的时限可分为超长期预测、长期预测、中期预测和短期预测。

（一）超长期预测

超长期预测也称为长期病虫害趋势预测，一般时限在一年或数年。主要运用病虫害流行历史资料和长期气象、人类大规模生产活动所造成的副作用等资料进行综合分析，预测结果指出下一年或将来几年的病虫害发生的大致趋势。超长期预测一般准确率较差。

（二）长期预测

长期预测也称为病虫害趋势预测，其时限尚无公认的标准，习惯上指一个季节以上，有的是一年或多年。主要依据病虫害发生流行的周期性和长期气象等资料作出。预测结果指出病虫害发生的大致趋势，需要随后用中、短期预测加以校正。害虫发生量趋势的长期预测，通常根据越冬后或年初某种害虫的越冬有效虫口基数及气象资料等作出，于年初展望其全年发生动态和灾害程度。例如，我国滨湖及河泛地区，根据年初对涝、旱预测的资料及越冬卵的有效基数来推断当年飞蝗的发生动态；我国长江流域及江南稻区多根据螟虫越冬虫口基数及冬春温度、降雨情况对当地发生数量及灾害程度的趋势作出长期估计；多数地区能根据历年资料用时间序列等方法研制出预测式。长期预测需要根据多年系统资料的积累，方可求得接近实际值的预测值。

（三）中期预测

中期预测的时限一般为一个月至一个季度，但视病虫害种类不同，期限的长短可有很大的差别。如一年一代、一年数代、一年十多代的害虫，采用同一方法预测的期限就不同。中期预测多根据当时的有害生物数量数据，作物生育期的变化以及实测的或预测的天气要素作出预测，准确性比长期预测高，预测结果主要用于作出防治决策和做好防治准备。如预测害虫下一个世代的发生情况，以确定防治对策和部署。目前，三化螟发生期预测，用幼虫分龄、蛹分级法，可依据田间检查上一代幼虫和蛹的发育进度的结果，参照常年当地该代幼虫、蛹和下代卵的历期资料，对即将出现的发蛾期及下一代的卵孵和蚁螟蛀茎为害的始盛期、高峰期及盛末期作出预测，预测期限可达20d以上；或根据上一代发蛾的始盛期或高峰期加上当地常年到下一代发蛾的始盛期或高峰期之间的期距，预测下一代发蛾始盛期或高峰期，预测期限可长达一个月以上。

（四）短期预测

短期预测的期限在20d以内。一般做法是根据害虫前一二个虫态的发生情况，推算后一二个虫态的发生时期和数量，或根据天气要素和菌源情况进行预测，以确定未来的防治适期、次数和防治方法。其准确性高，使用范围广。目前，我国普遍运用的群众性测报方法多属此类。例如，三化螟的发生期预测，多依据田间当代卵块数量增长和发育、孵化情况，来预测蚁螟盛孵期和蛀食稻茎的时期，从而确定药剂或生物防治的适期。又如，根据稻纵卷叶螟前一代田间化蛹进度及迁出迁入量的估计来预测后一两个虫态的始见期、盛发期等，以确定赤眼蜂的放蜂或施药适期。病害侵染预测也是一种短期预测。

三、病害预测的依据和预测方法

病害流行的预测因子应根据病害的流行规律，由寄主、病原物和环境诸因素中选取。一般来说，菌量、气象条件、栽培条件和寄主植物生育情况等是重要的预测依据。

（一）根据菌量预测

单循环病害侵染概率较为稳定，受环境条件影响较小，可以根据越冬菌量预测发病数量。对于小麦腥黑穗病、谷子黑粉病等种传病害，可以检查种胚内带菌情况，确定种子带菌率和翌年病穗率。在美国还利用 5 月棉田土壤中黄萎病菌微菌核数量预测 9 月棉花黄萎病病株率。菌量也用于麦类赤霉病预测，为此，需检查稻桩或田间玉米残秆上子囊壳数量和子囊孢子成熟度，或者用孢子捕捉器捕捉空中孢子。多循环病害有时也利用菌量作预测因子。例如，水稻白叶枯病病原细菌大量繁殖后，其噬菌体数量激增，病害严重程度与水中噬菌体数量呈高度正相关，故可以利用噬菌体数量预测白叶枯病发病程度。

（二）根据气象条件预测

多循环病害的流行受气象条件影响很大，而初侵染菌源不是限制因素，对当年发病的影响较小，故通常根据气象因素预测。有些单循环病害的流行程度也取决于初侵染期间的气象条件，叫作利用气象因素预测。英国和荷兰利用"标蒙法"预测马铃薯晚疫病侵染时期。该法指出，若相对湿度连续 48h 高于 75%、气温不低于 16℃，则 14～21d 后田间将出现中心病株。如葡萄霜霉病菌，以气温为 11～20℃，并有 6h 以上叶面结露时间为预测侵染的条件。苹果和梨的锈病是单循环病害，每年只有一次侵染，菌源为果园附近桧柏上的冬孢子角。在北京地区，每年 4 月下旬至 5 月中旬若出现大于 15mm 的降水量，且其后连续 2d 相对湿度大于 40%，则 6 月将大量发病。

（三）根据菌量和气象条件进行预测

综合菌量和气象因素的流行学效应，作为预测的依据，已用于许多病害的预测，有时还把寄主植物在流行前期的发病数量作为菌量因素，用于预测后期的流行程度。我国北方冬麦区小麦条锈病的春季流行通常依据秋苗发病程度、病菌越冬率和春季降水情况预测。我国南方小麦赤霉病流行程度主要根据越冬菌量和小麦扬花灌浆期气温、雨量和雨日数预测，在某些地区菌量的作用不重要，只根据气象条件预测。

(四) 根据菌量、气象条件、栽培条件预测

有些病害的预测除应考虑菌量和气象因素外，还要考虑栽培条件和寄主植物的生育期与生长发育状况。例如，预测稻瘟病的流行，需注意氮肥施用期、施用量及其与有利气象条件的配合情况。在短期预测中，水稻叶片肥厚披垂，叶色墨绿，则预示着稻瘟病可能流行。在水稻的幼穗形成期检查叶鞘淀粉含量，若淀粉含量少，则预示穗颈瘟可能严重发生。水稻纹枯病流行程度主要取决于栽植密度、氮肥用量和气象条件，可以作出流行程度因密度和施肥量而异的预测。油菜开花期是菌核病的易感阶段，预测菌核病流行多以花期降水量、油菜生长势、油菜始花期迟早以及菌源数量（花朵带病率）作为预测因子。此外，对于昆虫传播的病害，介体昆虫数量和带毒率等也是重要的预测依据。

第四节　农作物病虫害基础知识

一、农业昆虫基础知识

昆虫属于动物界中无脊椎动物节肢动物门昆虫纲，是动物界中种类最多、分布最广、种群数量最大的类群。动物界有 350 多万种，已知昆虫种类 110 多万种，约占动物界的 1/3。昆虫不仅种类多，而且与人类的关系非常密切，许多昆虫可为害农作物，传播人、畜疾病。也有很多昆虫具有重要的经济价值，如家蚕、柞蚕、蜜蜂、紫胶虫、白蜡虫等，有的昆虫能帮助植物传播花粉，有的能协助人们消灭害虫。农业昆虫是指与农业生产密切相关的一些昆虫，通常包括为害农作物的昆虫及其天敌昆虫。

(一) 昆虫的形态特征

昆虫最主要的特征是其成虫的躯体明显分为头、胸、腹三段，胸部一般有两对翅，三对足。根据这些特征就能与其他节肢动物区分开来。

1. 头部

头部着生触角、眼等感觉器官和取食的口器。触角的形状因昆虫的种类和性别而有变化。昆虫的眼一般有复眼和单眼。昆虫的口器有多种类型，如具有虹吸式口器的蝶类、蛾类，其幼虫常常是咀嚼式口器；舐吸式的蝇类；锉吸式的蓟马。

农作物上主要害虫的两类口器。一是咀嚼式：如小菜蛾、菜青虫、棉铃虫等，具有咀嚼式口器的害虫咬食植物叶片造成缺刻、孔洞，或吃掉叶肉仅留叶脉；钻蛀茎秆或果实的造成空洞和隧道，为害幼苗的咬断根茎。二是刺吸式：如蚜虫、白粉虱、叶蝉等，刺吸式口器的害虫以取食植物汁液来为害植物，在被害处形成斑点或造成破叶，严重时引起畸形，如卷叶、皱缩、虫瘿等，很多刺吸式害虫是植物病毒的传播者，因传毒造成的损失往往比害虫本身造成的损失还要大。

2. 胸部

胸部分前胸、中胸和后胸。每节胸的侧下方着生一对足，分别称为前足、中足和后足；中胸和后胸背上各有一对翅；昆虫的翅有透明的膜翅，如蚜虫、蜂类；有保护和飞翔作用的覆翅，如蝗虫、蝼蛄等；有蛾、蝶类的鳞翅等。昆虫翅的类型是昆虫分类的主要依据。

3. 腹部

腹部一般由9~11节组成，腹内有内脏器官和生殖器官。昆虫雄性外生殖器叫交尾器，雌性外生殖器称为产卵器，昆虫可将卵产在植物体内或土壤中。

4. 昆虫的体壁

昆虫的躯体被骨化的几丁质包被，称为外骨骼。其功能是保持体形、保护内脏、防止体内水分蒸发和外物侵入；体壁上的鳞片、刚毛、刺等，上表皮的蜡层、护蜡层均会影响昆虫体表的黏着性，所以具有脂溶性好、又有一定水溶性的杀虫剂能通过昆虫的上表皮和内外表皮，表现比较好的杀虫效果。同一种的昆虫低龄期比老龄期体壁薄，药液比较容易进入体内，因此在低龄期施药，药效能大大提高。

（二）昆虫的繁殖和发育

1. 生殖方式

昆虫是雌雄异体的动物，绝大多数昆虫需经过雌雄交尾，受精卵产出体外才能发育成新的个体，这种繁殖方式称为有性生殖。但有些昆虫的卵不经过受精也能发育，这种繁殖方式称为孤雌生殖，孤雌生殖对昆虫的扩散具有重要作用，因为只要有一头雌虫传到一个新的地方，在适宜的环境中就能大量繁殖。昆虫还有一种繁殖方式叫卵胎生，即卵在母体内发育成幼虫后才产出体外的生殖方式。

2. 龄期

昆虫的发育是从卵孵化开始，从卵孵化出的幼虫叫一龄幼虫，经第一次蜕皮后的幼虫为二龄幼虫，前一次蜕皮到后一次蜕皮的时间称为龄期，一般昆虫在三龄期以后因外壁和蜡质加厚往往耐药性增强。因此，三龄幼虫前进行化学药剂防治效果较好。幼虫发育到成虫以后便不再蜕皮。

3. 发生世代

从卵孵化经几次蜕皮后发育为成虫，称为一个世代。经过越冬后开始活动，至翌年越冬结束的时间称为生活史，不同的昆虫因每一世代长短不同，所发生的世代也不同，有的昆虫一年只发生一个世代，有的昆虫几年才完成一个世代，如金龟子；但多数昆虫一年能发生几个世代，如蚜虫、棉铃虫、小菜蛾等。昆虫一年能发生多少世代，常随其分布的地理环境不同而异，一般南方比北方发生世代多。

越冬后昆虫出现最早的时间称始发期，在一个生长季中昆虫发生最多的时期称为盛发期，昆虫快要终止时称为发生末期。不少昆虫由于产卵期拉得很长以及龄期的差异，同一世代的个体有先有后，在田间同一个时期，可以看到上世代的个体与下一个世代的个体同时存在的现象，这称为世代重叠或世代交替。

4. 变态类型

昆虫从卵孵化到成虫性成熟的发育过程中，除内部器官发生一系列变化外，外部形态也发生不同形体的变化，这种虫态变化的现象称为昆虫的变态。常见的变态有以下两种。

（1）不完全变态。昆虫一生经过卵、若虫、成虫3个阶段，若虫的形态和生活习性与成虫基本相同，只是体型大小和发育程度上有所差别，如蝗虫、叶蝉、椿象等。

（2）完全变态。昆虫一生经过卵、幼虫、蛹、成虫4个阶段，幼虫在形态和生活习性上与成虫截然不同，完全变态必须经过蛹期才能变为成虫，如菜青虫、烟青虫、金龟子等。

（三）昆虫的习性

1. 昆虫的食性

（1）植食。以植物及其产品为食的昆虫称为植食性昆虫。植食性昆虫的食性是有选择性的，有的昆虫只吃一种作物，如小麦吸浆虫、豌豆象，称为单食性害虫；有的吃某一类作物，如菜青虫，只吃十字花科蔬菜，称为寡食性害虫；有的吃多种不同植物，如棉铃虫、地老虎、蝼蛄等，称多食性害虫。

（2）肉食性。以活的动物体为食的昆虫称为肉食性昆虫。肉食性昆虫多数是益虫，如捕食性的瓢虫、草蛉以及寄生性的赤眼蜂、丽蚜小蜂等。

（3）腐食性。以动物的尸体、粪便和腐烂的动植物组织为食的昆虫，称为腐食性昆虫，如食粪蜣螂。

2. 多型现象

在同一种群中往往存在习性上和形态上多样化的现象，如白蚁是家族性生活，各有不同分工，有蚁皇、蚁后、兵蚁、工蚁等，蚜虫有无翅型和有翅型，飞虱有短翅型和长翅型之分，这种现象称作多型现象。

3. 补充营养

昆虫发育为成虫后，为了满足性器官发育和卵的成熟，需要补充营养，如黏虫、地老虎和草蛉，利用这一特性，可以用糖蜜诱杀黏虫和地老虎的成虫，也可以在早春种植蜜源开花植物招引天敌昆虫草蛉来栖息。

4. 昆虫的趋性

在生产上有重要作用的是昆虫的趋光性和趋化性，大多数夜出活动的昆虫，如蛾类、金龟子、蝼蛄、叶蝉、飞虱等，有很强的趋光性，这是黑光灯诱杀害虫的科学依据。蚜虫、白粉虱、叶蝉等对黄色有明显的趋向性，这是黄板诱杀的原理。趋化性是昆虫对某些化学物质刺激的反应，昆虫在取食、交尾、产卵时尤为明显，如菜粉蝶趋向含有芥子油的十字花科蔬菜，利用糖醋诱杀害虫也是利用昆虫的趋化性。

5. 群集性

有些昆虫具有大量个体群集的现象。如地老虎在春季常在苜蓿地、棉苗地大量发生，但经过一段时间后，这种群集就会消失，而飞蝗个体群集后就不再分离。

6. 扩散与迁飞性

蚜虫在环境不适宜时，以有翅蚜在蔬菜田内扩散或向邻近菜地转移；东亚飞蝗、黏虫、褐飞虱等害虫则有季节性的南北迁飞为害的习性。

（四）昆虫的发生与环境的关系

影响昆虫发生的时间、地区、发生数量以及为害程度是与环境密切相关的。影响昆虫发生的时间及为害程度的环境因素中，主要有以下3个方面。

1. 食物因素

农作物不仅是昆虫的栖息场所，而且还是昆虫的食物来源，昆虫与其寄主植物世代相处，已经在生物学上产生了适应的关系，也就是昆虫的取食具有一定选择性，既有喜欢吃的也有不喜欢吃的植物。如保护地种植的番茄、辣椒是白粉虱喜欢的寄主，容易造成大发生，甚至大暴发；而种植芹菜、蒜黄等白粉虱不喜欢吃的植物就可避免大发生。所以，改变种植品种、布局、播期以及管理措施等都可以在很大程度上影响昆虫的发生。

2. 气象因素

气象因素包括温度、湿度、风、雨、光等，其中，温度、湿度影响最大。昆虫是变温动物，其体温随环境温度的变化而变化，所以昆虫的生长发育直接受温度的影响，可以影响昆虫发生的早晚和每年发生的世代数；湿度与雨水对昆虫的影响表现是，有些昆虫在潮湿雨水大的条件下不易存活，如蚜虫、红蜘蛛喜欢干旱的环境条件。

3. 天敌因素

昆虫的天敌是抑制昆虫种群的十分重要的因素，在自然条件下，天敌对昆虫的抑制能力可以达到 20% ~ 30%，不可低估天敌的抑制能力。了解和认识昆虫的天敌是为了保护和利用天敌，达到抑制或防治害虫的目的。昆虫天敌是自然界中对农业昆虫具有捕食、寄生能力的一切生物的统称，昆虫的天敌主要包括以下 3 类。

（1）天敌昆虫。包括捕食性和寄生性两类，捕食性的有螳螂、草蛉、虎甲、步甲、瓢甲、食蚜蝇等。寄生性的以膜翅目、双翅目昆虫利用价值最大，如赤眼蜂、蚜茧蜂、寄生蝇等。

（2）致病微生物。目前研究和应用较多的昆虫病原细菌为芽孢杆菌，如苏云金杆菌。病原真菌中比较重要的有白僵菌、蚜霉菌等。昆虫病毒最常见的是核型多角体病毒。

（3）其他食虫动物。包括蜘蛛、食虫螨、青蛙、鸟类及家禽等，它们多为捕食性（少数螨类为寄生性），能取食大量害虫。

二、农业植物病害基础知识

（一）植物病害的定义

当植物受到不良环境条件的影响或遭受其他生物侵染后，其代谢过程受到干扰和破坏，在生理、组织和形态上发生一系列病理变化，并出现各种不正常状态，造成生长受阻、产量降低、质量变劣甚至植株死亡的现象，称为植物病害。

植物病害都有一定的病理变化过程（即病理程序），而植物的自然衰老凋谢以及由风、雹、虫和动物等对植物所造成的突发性机械损伤及组织死亡，因缺乏病理变化过程，故不能称为病害。

一般来说，植物发病后会不同程度地导致植物产量的减少和品质的降低，给人们带来一定的经济损失。但有些植物在寄生物的感染或在人类控制的环境下，也会产生各种各样的"病态"，如茭白受到黑粉病菌的侵染而形成肥厚脆嫩的茎，弱光下栽培成的韭黄等，其经济价值并未降低，反而有所提高，因此不能把它们当作病害。

（二）植物病害的类型

植物病害发生的原因称为病原。根据病原不同，可将植物病害分为非侵染性病害和侵染性病害两大类。

第一，非侵染性病害是指由非生物因素即不适宜的环境因素引起的病害，又称生理性病害或非传染性病害。其特点是病害不具传染性，在田间分布呈现片状或条状，环境条件改善后可以得到缓解或恢复正常。常见的有营养元素不足所致的缺素症、水分不足或过量引起的旱害和涝害、低温所致的寒害和高温所致的烫伤及日灼症，还有化学药剂使用不当和有毒污染物造成的药害和毒害等。

第二，侵染性病害是指由病原生物侵染所引起的病害。其特点是具有传染性，病害发生后不能恢复常态。一般初发时都不均匀，往往有一个分布相对较多的"发病中心"。病害由少到多、由轻到重，逐步蔓延扩展。

非侵染性病害和侵染性病害是两类性质完全不同的病害，但它们之间又是互相联系和互相影响的。非侵染性病害常诱发侵染性病害的发生，如甘薯遭受冻害，生活力下降后，软腐病菌易侵入；反之，侵染性病害也可为非侵染性病害的发生提供有利条件，如小麦在冬前发生锈病后，将削弱植株的抗寒能力而易受冻害。

（三）植物病害的形成

在整个农业生态系统中，各事物之间存在着错综复杂的相互关系。野生植物与栽培作物，作物与作物，作物的个体与群体，作物的细胞与细胞，作物的地上与地下部分，作物与周围的环境因素，例如阳光、空气、水分、养分、风、雨、温度、湿度以及有益的和有害的生物等，构成了一定的系统，无不在一定的时间、空间条件下，形成互相连接和互相制约的关系，而一切事物无不按照对立统一的法则发生和发展着。

农作物在长期的自然和人工选择下，形成其种群的生物学特性，对其周围的环境因素有一定的适应范围，与其他生物种群保持着一定的消长关系。如果环境条件发生剧烈变化，其影响超出该种作物固有的适应限度，作物的正常代谢作用就会遭到干扰和破坏，使其生理功能或组织结构发生一系列的病理变化，以致在形态上呈现病态，这就是发病。

导致植物形成病害的原因总称为病原，其中，有非生物因素和生物因素。非生物因素包括气候、土壤、栽培条件等，例如，土壤水分过少或过多，导致旱或涝；温度过低，导致冻害等。生物因素包括真菌、细菌等多种微生物，它们自身不能制造营养物质，需要从其他有生命的生物或无生命的有机物质中摄取养分才能生存。这种寄生于其他生物的生物称为寄生物。能引起植物病害的寄生物称为病原物。如果寄生物为菌类，可称为病原菌。被寄生的植物称为寄主。

（四）植物病害的症状

植物感病后其外表的不正常表现称为症状。症状包括病状和病征两个方面。病状是指植物本身表现出的各种不正常状态；病征是指病原物在植物发病部位表现的特征。植物病害都有病状，而病征只有在真菌、细菌所引起的病害才表现明显。

1. 病状类型

（1）变色。植物患病后局部或全株失去正常的绿色，称为变色。叶绿素的合成受抑制或被破坏，植物绿色部分均匀地变为浅绿色、黄绿称褪绿，褪成黄色称为黄化；叶片不均匀褪色，呈黄绿相间，称为花叶；花青素形成过盛，叶片变红或紫红称为红叶。

（2）坏死。植物受害部位的细胞和组织死亡，称为坏死。常表现有病斑、叶枯、溃疡、疮痂等，植物发病后最常见的坏死是病斑。病斑可以发生在根、茎、叶、果等各个部位，因病斑的颜色、形状等不同有褐斑、黑斑、轮纹斑、角斑、大斑等之称。

（3）腐烂。植物细胞和组织发生较大面积的消解和破坏，称为腐烂。组织幼嫩多汁的，如瓜果、蔬菜、块根及块茎等多出现湿腐，如白菜软腐病；组织较坚硬，含水分较少或腐烂后很快失水的多引起干腐，如玉米干腐病。幼苗的根或茎腐烂，幼苗直立死亡，称为立枯，幼苗倒伏，称为猝倒。

（4）萎蔫。植物由于失水而导致枝叶萎垂的现象称为萎蔫。由于土壤中含水量过少或高温时过强的蒸腾作用而引起的植物暂时缺水，若及时供水，植物是可以恢复正常的，这称为生理性萎蔫。而因病原物的侵害，植物根部或茎部的输导组织被破坏，使水分不能正常运输而引起的凋萎现象，通常是不能恢复的，称为病理性萎蔫。萎蔫急速，枝叶初期仍为青色的为青枯，如番茄青枯病。萎蔫进展缓慢，枝叶逐渐干枯的为枯萎，如棉花枯萎病。

（5）畸形。受害植物的细胞或组织过度增生或受到抑制而造成的形态异常称为畸形，如植株徒长、矮缩、丛枝、叶片皱缩、卷叶、蕨叶等。

2. 病征类型

（1）霉状物。病部表面产生各种颜色的霉层，如绵霉、霜霉、青霉、灰霉、黑霉、赤霉等。

（2）粉状物。病部形成的白色或黑色粉层，分别是白粉病和黑粉病的病征。

（3）锈状物。病部表面形成小疱状突起，破裂后散出白色或铁锈色的粉末状物，分别是白锈病和各种锈病的病征。

（4）粒状物。病部产生的形状、大小及着生情况各异的颗粒状物。如油菜菌核病的病部产生的菌核；小麦白粉病、甜椒炭疽病病部上的小黑粒等。

（5）脓状物。病部产生乳白色或淡黄色、似露珠的脓状黏液，干燥后成黄褐色薄膜或胶粒，这是细菌性病害特有的病征，称菌脓。

症状是植物内部病变的外观表现，各种病害大都有其独特的症状，因此，症状常作为诊断病害的重要依据。但是，需要注意的是，同一种病害因发生在不同寄主部位、不同生育期、不同发病阶段和不同环境条件下，可表现出不同的症状；而不同的病害有时却可以表现相似的症状。所以，症状只能对病害做出初步诊断，必要时还需进行病原物鉴定。

（五）侵染性病害和非侵染性病害的识别

根据生物因素和非生物因素引起植物病害的性质，可以分为侵染性病害（也称传染性或寄生性病害）和非侵染性病害（也称非传染性或生理性病害）。

1. 侵染性病害

由病原生物引起的植物病害称为侵染性病害。引起侵染性病害的病原物有真菌、细菌、病毒、类菌原体、线虫及寄生性种子植物等，侵染性病害是可以传染的。当前农业上发生的重要病害，主要是由真菌、细菌、病毒和线虫引起的，其中由真菌引起的病害最多。

2. 非侵染性病害

由不适宜的环境因素引起的植物病害称为非侵染性病害。这类病害是由不良的物理或化学等非生物因素引起的生理性病害，是不能传染的。

植物生长发育需要良好的环境条件，如条件不适宜甚至有害，例如养分不足、缺乏或不均衡；土壤中的盐类过多、过酸或过碱；水分过多、过少或忽多、忽少；湿度过高、过低或忽高、忽低，光照过强或过弱；环境中存在有毒物质或气体，都会影响植物的正常生长发育，导致病害发生。

（六）植物病害的诊断

植物病害种类繁多，发生规律各异，只有对植物病害做出正确诊断，找出病害发生的原因，确定病原的种类，才有可能根据病原特性和发病规律制定切实可行的防治措施。因此，对植物病害的正确诊断是其有效防治的前提。

1. 植物病害诊断的步骤

（1）田间观察与症状诊断。首先在发病现场观察田间病害分布情况，调查了解病害发生与当地气候、地势、土质、施肥、灌溉、喷药等的关系，初步做出病害类别的判断。再仔细观察症状特征作进一步诊断。必须严格区别是虫害、伤害还是病害；是侵染性病害还是非侵染性病害。

有些病害由于受时间和条件的限制，其症状表现不够明显，难以鉴别。必须进行连续观察或经人工保温保湿培养，使其症状充分表现后，再进行诊断。

（2）室内病原鉴定。对于仅用肉眼观察并不能确诊的病害，还要在室内借助一定的仪器设备进行病原鉴定。如用显微镜观察病原物形态。对于某些新的或少见的真菌和细菌性病害，还需进行病原物的分离、培养和人工接种试验，才能确定真正的致病菌。

2. 各类病害诊断的方法

（1）非侵染性病害的诊断。非侵染性病害由不良的环境条件所致。一般在田间表现为较大面积的同时均匀发生，无逐步传染扩散的现象，除少数由高温或药害等引起局部病变（灼伤、枯斑）外，通常发病植株表现为全株性发病。从病株上看不到任何病征，必要时可采用化学诊断法、人工诱发及治疗试验法进行诊断。化学诊断法可通过对病株或病田土壤进行化学分析，测定其成分和含量，再与健株或无病田土壤进行比较，从而了解引起病害的真正原因。常用于缺素症等的诊断。人工诱发及治疗试验是在初诊基础上，用可疑病因处理健康植株，观察是否发生病害。或对病株进行针对性治疗，观察其症状是否减轻或是否恢复正常。

（2）真菌病害的诊断。真菌病害的主要病状是坏死、腐烂和萎蔫，少数为畸形；在发病部位常产生霉状物、粉状物、锈状物、粒状物等病征。可根据病状特点，结合病征的出现，用显微镜观察病部病症类型，确定真菌病害的种类。如果病部表面病征不明显，可将病组织用清水洗净后，经保温、保湿培养，在病部长出菌体后制成临时玻片，用显微镜观察病原物形态。

（3）细菌病害的诊断。细菌所致的植物病害症状，主要有斑点、溃疡、萎蔫、腐烂及畸形等。多数叶斑受叶脉限制呈多角形或近似圆形斑。病斑初期呈半透明水渍状或油渍状，边缘常有褪绿的黄晕圈。多数细菌病害在发病后期，当气候潮湿时，从病部的气孔、水孔、皮孔及伤口处溢出黏状物，即菌脓，这是细菌病害区别于其他病害的主要特征。腐烂型细菌病害的重要特点是腐烂的组织黏滑且有臭味。

切片检查有无喷菌现象是诊断细菌病害简单而可靠的方法。其具体方法是：切取小块病健部交界的组织，放在玻片上的水滴中，盖上盖玻片，在显微镜下观察，如在切口处有云雾状细菌溢出，说明是细菌性病害。对萎蔫型细菌病害，将病茎横切，可见维管束变褐色，用手挤压，可从维管束流出混浊的黏液，利用这个特点可与真菌性枯萎病区别。也可将病组织洗净后，剪下一小段，在盛有水的瓶里插入病茎或在保湿条件下经一段时间，从切口处有混浊的细菌溢出。

（4）病毒病害的诊断。植物病毒病有病状没有病征。病状多表现为花叶、黄化、矮缩、丛枝等，少数为坏死斑点。感病植株，多为全株性发病，少数为局部性发病。在田间，一般心叶先出现症状，然后扩展至植株的其他部分。此外，随着气温的变化，特别是在高温条件下，病毒病常会发生隐症现象。

病毒病症状有时易与非侵染性病害混淆，诊断时要仔细观察和调查，注意病害在田间的分布，综合分析气候、土壤、栽培管理等与发病的关系，病害扩展与传毒昆虫的关系等。必要时还需采用汁液摩擦接种、嫁接传染或昆虫传毒等接种试验，以证实其传染性，这是诊断病毒病的常用方法。

（5）线虫病害的诊断。线虫多数引起植物地下部发病，病害是缓慢的衰退症状，很少有急性发病。通常表现为植株矮小、叶片黄化、茎叶畸形、叶尖干枯、须根丛生以及形成虫瘿、肿瘤、根结等。

鉴定时，可剖切虫瘿或肿瘤部分，用针挑取线虫制片或用清水浸渍病组织，或做病组织切片镜检。有些植物线虫不产生虫瘿和根结，可通过漏斗分离法或叶片染色法检查。必要时可用虫瘿、病株种子、病田土壤等进行人工接种。

第五节 农作物的用药常识

农药是防治植物病虫害的化学药剂，根据不同的防治对象，可以将农药分为杀虫剂、杀螨剂、杀菌剂、杀线虫剂、除草剂、杀鼠剂。

一、农药的选择

(一) 要明确农药品种的性能特点

农药是一种农业毒剂，对不同的生物体有其选择性，如杀虫剂按其作用方式可分为触杀剂、胃毒剂、内吸剂和熏蒸剂；杀螨剂分为只杀成螨、若螨的，以及只杀卵和若螨的；杀菌剂分为保护剂、内吸治疗剂和保护治疗混合剂；除草剂分为茎叶处理剂和土壤处理剂。

(二) 仔细阅读说明书和瓶签上的使用说明

按照有关规定我国的农药外包装上必须标明以下事项。

(1) 农药的通用名称。市场销售的农药有通用名和商品名两种表示方法，商品名就像人的"乳名"，不能单独使用，尤其一旦有人误服，医生不易对症救治。必须附有药剂的通用名，并且通用名不能只使用英文。

(2) 有效成分含量。按百分含量标记，同一药名，含量不同，用量也不同。

(3) 防治对象、用量和使用方法。药剂的防治对象按登记的范围表明，用量和使用方法应具体。

(4) 安全间隔期。即最后一次施药到收获的天数。如在蔬菜上使用，只有达到规定的天数，产品中的农药才能被分解掉。

(5) 注意事项。主要针对该药剂的特点，提醒人们在贮藏、运输和使用中应注意的问题。

(三) 选择适宜的剂型

不同剂型的农药具有不同的理化性能，有的药效释放慢但药效较持久，有的速效但药效期较短，有的颗粒大，有的颗粒小，用药时应根据防治病虫类型、施药方法的不同选择相适宜的剂型。例如，防治钻蛀性害虫和地下害虫，以及防除宿根性杂草，应选择药效释放缓慢、药效期长、具有内吸性的颗粒剂型农药，喷粉不宜选择可湿性粉剂农药，喷雾不宜选择粉剂农药。

二、农药的使用技术

（一）使用农药的基础知识

1. 自觉抵制禁用农药

掌握国家明令禁止使用的甲胺磷、甲基对硫磷、对硫磷、久效磷、磷胺等23种农药以及甲拌磷、甲基异柳磷、特丁硫磷、甲基硫环磷、治螟磷、内吸磷、克百威、涕灭威、灭线磷、环磷、蝇毒磷、地虫硫磷、氯唑磷、苯线磷14种在蔬菜、果树、茶叶、中草药材上限制使用的农药。在生产中要严格遵守相关规定，限制选用，并积极宣传。

2. 选用对路农药

市场上供应的农药品种较多，各种农药都有自己的特性及各自的防治对象，必须根据药剂的性能特点和防治对象的发生规律，选择安全、有效、经济的农药，做到有的放矢，药到"病虫"除。

3. 科学使用农药

农作物病虫防治，要坚持"预防为主，综合防治"的方针，在搞好农业、生物、物理防治的基础上，实施化学药剂防治。开展化学防治把握好用药时期，绝大多数病虫害在发病初期，为害轻，防治效果好，大面积暴发后，即使多次用药，损失也很难挽回。因此，要坚持预防和综防，尽可能减少农药的使用次数和用量，以减轻对环境及产品质量安全的影响。

4. 采用正确的施药方法

施药方法很多，各种施药方法都有利弊，应根据病虫的发生规律、为害特点、发生环境等情况确定适宜的施药方法。例如，防治地下害虫，可用拌种、毒饵、毒土、土壤处理等方法；防治种子带菌的病害，可用药剂拌种或温汤浸种等方法。由于病虫为害的特点不同，施药的重点部位也不同，如防治蔬菜蚜虫，喷药重点部位在菜苗生长点和叶背；防治黄瓜霜霉病着重喷叶背；防治瓜类炭疽病，叶正面是喷药重点。

5. 掌握合理的用药量和用药次数

用药量应根据药剂的性能、不同的作物、不同的生育期、不同的施药方法确定。例如，作物苗期用药量比生长中后期少。施药次数要根据病虫害发生时期的长短、药剂的持效期及上次施药后的防治效果来确定。

6. 注重轮换用药

对一种防治对象长期反复使用一种农药，很容易使这种防治对象对这种农药产生抗性，久而久之，施用这种农药就无法控制这种防治对象的为害。因此，要注重轮换、交替施用对防治对象作用不同的农药。

7. 严格遵守安全间隔期规定

农药安全间隔期是指最后一次施药到作物采收时的天数，即收获前禁止使用农药的天数。在实际生产中，最后一次喷药到作物收获的时间应比标签上规定的安全间隔期长。为保证农产品残留不超标，在安全间隔期内不能采收。

（二）使用农药的具体方法

1. 喷雾法

利用喷雾机具将液态农药或加水稀释后的农药液体，以雾状形式喷洒到作物体表或其他处理对象上的施药方法。它是乳油、可湿性粉剂、悬浮剂、水剂、油剂等剂型的主要使用方法。

2. 喷粉法

利用喷粉机具所产生的气流将农药粉剂吹散后，使其均匀沉降于作物或其他生物体表上的施药方法。它是农药粉剂的主要施用方法。

3. 拌种法

将农药与种子混拌均匀，使农药均匀黏着于种子表面，形成一层药膜的施药方法。是种苗处理的主要施药方法之一。

4. 浸种法

将种子浸泡于一定浓度的药液中，经过一定时间取出阴干后播种的处理方法。

5. 毒土法

将药剂与细湿土均匀地混合在一起，制成含有农药的毒土，以沟施、穴施或撒施的方法使用。

6. 毒饵法

将药剂与饵料混拌均匀，投放于防治对象经常活动及取食的地方，达到防治目的。主要用于防治地下害虫。

7. 熏蒸法

指利用熏蒸性药剂所产生的有毒气体，在相对密闭的室内条件下防治病虫害的施药方法。

8. 甩施法

甩施法又称洒滴法，是指利用药剂盛装器皿直接将药剂滴洒于水面，依靠药剂的自身扩散作用在水面分散展开，达到防治有害生物目的的施药方法。

9. 泼浇法

用大量水将药剂稀释至一定浓度，并均匀泼浇于作物上的一种施药方法。

10. 涂抹法

将具有内吸性或触杀性的药剂用少量水或黏着剂配成高浓度药液，涂抹在植物（树干）、墙壁上防治有害生物的施药方法。

11. 其他施药方法

其他施药方法包括包扎法、注射法、条带施药法、大粒剂抛施法、熏烟法、撒粒法等。

第二章 果树技术员

第一节 果树技术员素质要求及岗位职责

一、果树植保员的素质要求

（一）思想素质

第一，拥护党的路线、方针、政策，遵纪守法，诚实公正，积极投身于社会主义新农村建设。

第二，热心并愿意从事农业技术推广与服务工作，有一定的植保技术基础知识。

第三，品行端正、勤奋敬业、责任心强。

第四，身心健康，能承受一定的工作压力，心态乐观、充满激情。

第五，了解农村植保技术现状，有农村工作经验，在果农中有威信、有号召力。

（二）职业技能素质

农作物植保员是农作物生产管理中极为重要的职业，2006 年 11 月国家颁布了《农作物植保员职业标准》，就其初级、中级、高级 3 个级别的相应职业功能、工作内容、技能要求及其所需的相关知识做了明确阐述，也符合果树植保员的职业技能要求。作为果品生产的乡村或基地的果树植保员应具备初级农作物植保员的技能水平。但果树为多年生植物且生产周期长，病、虫、草、鼠的发生种类及为害程度有别于小麦、玉米等农作物，常随果园的生态环境、产量结构、管理技术、施药器械的变化而变化。因此，果树植保员还应具备以下职业技能。

第一，具有中专以上学历的对口专业毕业生或取得"农作物植保员"资格者，熟悉当地果树常发病、虫、草、鼠害及其天敌的发生状况，并具备其发生种类的识别知识和独立进行其发生情况的调查。

第二，了解综合治理的原理，熟悉并掌握综合治理的技术措施，并可根据果树的不同生育期实施相应的农业、物理、化学、生物等防治方法。

第三，能对病虫的发生动态做出初步判断，制订生物和化学的防治技术方案，在果树的不同生育期实施预防措施，必要时可组织实施大面积的化学防治。

第四，熟悉常用农药的种类、有效成分及剂型和使用方法；能正确配制、混用不同种类和剂型的农药；熟练掌握杀虫剂、杀菌剂与除草剂、激素的使用技术和方法。

第五，果树施药有特殊的器械，要熟悉掌握踏板喷雾器和机动喷雾器的使用、维护、清洗和保管常识，熟练掌握喷雾方法。

第六，能够正确执行国家有关果品质量、食品安全、农药安全使用的政策、法律及法规，掌握绿色食品认证和质量控制体系标准及有关规定。

第七，能使用计算机查询病虫发生、防治信息等有关技术资料。

（三）职业道德及相关法规

1. 职业道德

敬业爱岗，忠于职守，立志为发展农村经济服务；认真负责，求是，推广农业新技术，为农民服务；勤奋好学，精益求精，关注国内外农业新技术的发展；热情服务，遵纪守法，切实维护农民的经济利益；规范操作，注意农产品质量安全，避免人、畜中毒事故。

2. 相关法律法规

果树植保员在实际工作中，不仅要掌握本专业技术规程、规范、标准、方法，还要了解有关的国家政策、法律、法规，并能在实际工作中正确运用。其主要相关法律法规有《中华人民共和国农业法》《中华人民共和国农业技术推广法》《中华人民共和国种子法》《中华人民共和国农药管理条例》《植物检疫条例》《中华人民共和国农产品质量安全法》《农药限制使用管理规定》《无公害农产品管理办法》及各省、自治区、直辖市颁布的相应法规。

二、果树植保员的岗位职责

第一，严格执行农业法、农业技术推广法、种子法、植物新品种保护条例、产品质量法，与安全使用农药、植物保护、作物病虫草鼠害和有害生物综合防治、农药及药械应用、植物检疫、经济合同相关的法律法规。

第二，进行果树生产调查研究。根据当地果树作物种类和病虫害发生、发展特点，以及当地植保部门发出的病虫测报、有关部门制订的病虫害综合防治方案，进行果树作物病虫害防治计划，并组织指导果树生产者开展病虫害综合防治工作。

第三，指导当地果树生产者鉴别当地果树主要病虫害种类及为害，并根据其发生和为害特点，选择适当的方法进行防治。

第四，指导当地农资经销人员，销售有针对性的农药和施药器械；指导当地果树生产者辨别农药、正确用药以及安全用药，增强安全意识，防止人、畜农药中毒；妥善保管农药和处理农药包装物，防止农药和农药包装物污染。

第五，正确施救农药中毒者，正确判别农药为害，施用对人、畜有毒农药时应及时、明确告知。

第六，对果树生产者进行当地果树主要病虫害及防治、农药以及安全使用的基础知识与实用技术的培训。

第二节　果树病虫草害防治技术

果树病、虫、草害的种类繁多，生活习性、发生规律以及对气候条件的适应性各不相同，因此就要因地制宜做具体分析，找出重点防治对象，制定防治策略。防治方法主要有农业防治、生物防治、化学防治和物理防治等。每一种方法都有优缺点，要根据某一病、虫、草的特点，选用1~2种方法进行综合防治，效果才好。

一、植物检疫

植物检疫就是由国家制定的植物检疫法令，禁止限定的几种危害性病、虫、草随着植物及其产品进行输入和输出，实行强制性检疫，以保护非疫区的安全。检疫分国际检疫（对外）和国内检疫（对内）两种。两种检疫的对象也有所不同。加强植物检疫对保证和提高果品生产及国内外信誉，防治检疫对象人为的传播，减少损失均有重要意义。

对果树病、虫、草害实施检疫的方法是：①建立无病、虫苗圃，培育不带检疫对象的苗木；②消灭和封锁局部地区已发生的检疫对象，如必须对外调运苗木、接穗和果品，要经过严格的检验手续和消毒处理后才可调运；③对调入或调出的种子和苗木等要进行检疫检验，采用生长期调查和室内分析检验，如发现有检疫对象，已调入的要立即进行消毒处理，未调入的要停止调入。

二、农业防治

农业防治主要是综合运用农业栽培管理措施，人为地改变某些环境因子，创造有利于果树生长而不利于病、虫、草生存的环境条件，直接或间接地消灭或抑制病、虫、草发生和为害的方法。

（1）选用或嫁接抗病、虫、草的果树优良品种。

（2）深耕改土。

（3）加强肥水管理，增强树势，提高树体抗病、虫能力。

（4）清洁田园，冬季刮除翘皮，扫除落叶，摘掉僵果，剪去病、虫枝梢，以消灭越冬病虫。

（5）合理修剪，增进树冠的通风透气，可减轻某些病、虫害的发生。

三、生物防治

生物防治是利用有益生物（细菌、真菌、病毒、天敌昆虫、蜘蛛、扑食螨、病原线虫和脊椎动物等）或生物的代谢产物来控制病、虫、草害的方法。其具体途径如下。

（1）保护利用果园内原有的自然天敌，促使其迅速繁殖。

（2）人工繁殖释放天敌，以补充果园中天敌种群的种类和数量，或大量施用微生物杀虫剂、病原线虫、农抗类杀虫、杀菌剂。

（3）天敌的移植和引进，使国外或国内其他地区的天敌在本地定居下来，建立种群。

四、化学防治

化学防治是用化学药剂（农药）来预防或直接消灭病、虫、草害的方法。具有作用迅速、效果显著、方法简便等优点，是目前生产上普遍使用的重要措施。但化学农药的副作用也很大，如对人、畜毒性大，会造成环境污染、杀伤天敌、破坏生态平衡等。因此，一定要做到科学、合理用药。

五、物理机械防治

利用各种物理因素（如光、热、电、温度和放射性同位素等）和某些器械来防治病、虫、草害的方法。例如对害虫进行灯光诱杀、人工捕杀、树干涂白和刮治病疤。

第三章　蔬菜技术员

第一节　蔬菜技术员素质要求

一、基本素质

蔬菜植保员是从事蔬菜生产过程中预防和控制病、虫、草、鼠等有害生物危害，并保证蔬菜食品安全生产的重要岗位，因此植保员一定要遵守职业道德和相关法规，完成好本职工作。作为一名合格和优秀的植保工作者应具备的职业道德有以下3个方面。

1. 勤奋学习，有所创新

蔬菜病、虫、草、鼠等有害生物的种类多、分布广、来源复杂，在诊断和防治上都有很大难度，加上植保科学发展迅速，新农药、新技术不断出现，这就要求植保员不断地学习充实自己，刻苦钻研，勤于思考，提高自己的业务能力，不仅从书本上学习，更重要的是在实践中不断总结经验，发现问题，带着问题去参加培训，参加各种交流展示会议，请教专家和有经验的同行交流。

2. 爱岗敬业，热情服务

在选择了植保员这一岗位后，首先应充分认识植保员工作的意义和重要性，只有对本职工作有了充分认识后，才会热爱自己的工作，认识到自己所从事职业的社会价值，从而产生责任感和使命感，激发自己的学习热情，在此基础上才能发挥自己的聪明才智，在工作中才能有所作为。

作为一名植保员在生产第一线从事病虫害的调查和防治工作，是为蔬菜生产和农户服务的工作。有时病虫害的发生是非常突然的，除要冷静处理外还必须主动热情，这是作为植保员应具备的素质。

3. 遵纪守法，规范操作

植保员的工作与食品安全，人、畜安全以及环境保护息息相关，因此，我国政府十分重视植保工作并为此制定了相应的法律法规来规范植保工作的行为，以确保食品安全，人、畜安全以及农业可持续的发展。遵纪守法，按法律法规办事，严格执行操作标准，这不仅是植保工作规范化的需要，也是处理突发事故、解决纠纷和矛盾的依据。

二、职业素质

蔬菜植保员应掌握病虫发生、为害、防治的基础理论，并举一反三、活学活用。能够正确识别本地常发性病害和虫害，掌握常发性病害和虫害的发生规律，防治的关键时期和防治技术。了解防治方法的原理，特别是农药防治原理，正确地选用、科学使用农药，尽可能地采用农业防治、生物防治、物理机械防治的方法，提高病虫害防治水平。

（1）正确认识农业防治、生物防治、物理机械防治、生物防治等方法对环境保护的重要作用。在病虫发生初期和末期，或次要病虫发生期，尽量使用综合治理，减少化学农药的使用。

（2）在调查病虫发生时逐次做好记录，经过 2~3 年积累，初步掌握当地病虫发生"周年历"，其与蔬菜周年生产之间的关系，作为今后防治的参考。但要注意病虫的发生规律不是一成不变的，常常会因蔬菜种植结构改变而改变；因气象因子特别是异常气候变化而变化；因化学农药的不合理使用而变化等。所以，做好田间观察是因地制宜防治的基础。

（3）了解防治方法的原理，特别是农药的防治原理，正确认识化学农药对环境指数的冲击。切实注意农药使用中的"三 R"问题，正确地选用、科学使用农药，降低、控制环境中的农药"残毒"；防止、控制次要病虫上升为主要病虫或病虫的"再增猖獗"；防止或延缓病虫抗药性的产生。

（4）在认真学习基础理论的同时，要注意理论联系实际。根据有害生物与环境的相互关系，找出其生活史的薄弱环节，充分发挥自然控制因素的作用，协调应用各种措施，控制病虫的种群数量。根据病虫的分类知识，正确识别病原菌的种类和害虫种类，并根据农药作用机制，正确选用农药，根据病害侵染循环、害虫为害部位和特点等，正确选择防治的关键时期和施药方式。

三、蔬菜植保员的岗位职责

蔬菜植保员应认真执行"预防为主，综合防治"的病虫害防治方针。从农业生态系统总体出发，根据有害生物与环境的相互关系，充分发挥自然控制因素的作用，因地制宜协调应用必要的措施，将有害生物控制在经济损害允许水平以下，以获得最佳的经济效益、生态效益和社会效益。

在上级植保技术员的指导下，切实做好本地蔬菜病虫害及其他有害生物的预防和治理。安全、经济、有效地将病虫控制在经济阈值以下。严格执行农业农村部下达的"在蔬菜上严禁使用剧毒、高毒、高残留农药，提倡使用高效、低毒、低残留农药"方针，杜绝使用禁用农药。为生产绿色、无公害蔬菜提供有力保障。

（1）秋菜收获后，大量病原菌、害虫进入越冬期，彻底清除病残体，处理病原菌、害虫越冬场所。冬菜收获后、春菜种植前，进一步清除病残体，处理病原菌越冬场所，减少初侵染源；注意越冬害虫、苗期害虫的防治，控制虫口基数。

（2）在各茬蔬菜种植前，深耕、多耙、翻犁、晒白，处理土壤，消灭部分病原菌；消灭地下害虫及土壤中各虫态害虫。

（3）在某些蔬菜病害常发区，在预测病害发病前可施用保护剂，防止发病；一旦发病，迅速处理发病中心区，防止病害蔓延。

（4）在大田中，根据种植蔬菜种类确定有代表性的田块小区或种植行或植株，在害虫发生期（7~10d 或盛发期 3~5d）调查一次百株虫量或有虫株率，根据相关防治指标确定防治方法。害虫发生量在防治指标以下的，应选用农业防治、物理防治、生物防治等措施，将害虫控制在经济阈值以下；害虫的发生量在防治指标以上时，可考虑化学防治与其他防治措施相结合，安全、经济、有效地将病虫害控制在经济阈值以下。

（5）根据为害的病虫种类，正确选用农药；根据受害部位或为害特点选用正确的施药方式和防治的关键时期。做好防护，确保施药人员安全。

第二节　茄果、瓜、豆类蔬菜主要病虫害的综合防治

茄果类、瓜类、豆类的主要病虫害有：蓟马、烟粉虱、瓜实蝇、豆荚螟、美洲斑潜蝇、霜霉病、炭疽病、疫病等。下面我们介绍一下各类茄果、瓜、豆类蔬菜相应的主要病虫的综合防治工作。

一、病虫发生情况

蓟马：豇豆百梢（花）虫量一般 220～580 头，最高 1 200 头，百梢（花）受害率一般 25.2%～48%，最高 100%；辣椒百梢（花）虫量一般 155～330 头，最高 850 头。

烟粉虱：茄果瓜类蔬菜百叶虫量一般 125～360 头，最高 820 头；叶受害率一般 18.6%～35%，最高 75%。

瓜实蝇：黄瓜、苦瓜果受害率平均 3.5%～9%，最高 42%。

豆荚螟：豇豆荚受害率平均 2%，最高 11%。

美洲斑潜蝇：豇豆叶受害率平均 16%，最高 31%。

霜霉病：瓜类蔬菜叶受害率一般 8.3%～21.7%，最高 68%。

炭疽病：茄果瓜豆类蔬菜叶受害率一般为 4.3%～9.5%，最高 21.5%。

疫病：茄果瓜豆类蔬菜株受害率一般 2.5%～10.3%，最高 30%。

此外，蚜虫、茶黄螨、斜纹夜蛾、甜菜夜蛾、白粉病、灰霉病、细菌性角斑病、枯萎病、根腐病、病毒病等也有不同程度发生。

二、防治意见

（一）农业防治

选用抗病虫品种，实行轮作，采用高畦深沟、合理密植方式；加强田间管理，及时疏沟排渍，清除病虫残叶，减少病虫源；合理施

肥，施用充分腐熟的堆肥，推行配方施肥技术，增强蔬菜抗逆性。

（二）科学安全用药

优先选用生物农药，轮换使用高效、低毒、低残留化学农药；发现发病中心（发病初期）和抓住低龄幼虫的防控最佳时期及时施药防治，把病虫消灭在初发阶段，严重发生田连喷2~3次药。注意不同类型药剂交替轮换使用；每种药剂要按农药标签规定控制使用次数；严格遵守农药安全使用间隔期。

地下害虫/土传病害：选用金龟子绿僵菌或含噻虫嗪、吡虫啉等有效成分的种衣剂可防控烟粉虱、蚜虫、蓟马等刺吸式害虫和地老虎、蛴螬、金针虫等地下害虫，用含咯菌腈和精甲霜灵等有效成分的种衣剂可防控猝倒病、根腐病等土传性病害。

蓟马、烟粉虱、蚜虫：可用呋虫胺+螺虫乙酯、螺虫乙酯+氟吡呋喃酮、联苯菊酯+噻虫嗪等药剂交替使用。喷杀蓟马注意周边杂草、地面、植株上下部及叶片正反面都要喷到。喷杀豇豆蓟马应以豇豆花瓣张开且蓟马较为活跃的10:00以前为宜，并加入蓟马专用助剂或葡萄糖。

瓜实蝇（针蜂）：可选用阿维·多霉素、阿维·灭蝇胺、阿维·高氯、灭幼脲+大蒜精油（驱杀作用）等药剂喷雾；并与性引诱剂、实蝇粘胶板、饵剂（阿维菌素浓饵剂）等相结合进行诱杀；及时摘除被害瓜果、捡拾落果、烂果集中销毁。

豆荚螟：可选用溴氰虫酰胺、氯虫苯甲酰胺、苏云金杆菌、茚虫威等药剂喷雾。该螟虫将卵产于花蕾处，喷药时应重点喷施花蕾。

美洲斑潜蝇：可选用溴氰虫酰胺、乙基多杀菌素、灭蝇胺等药剂喷雾。

霜霉病、疫病、炭疽病等真菌性病害：发病初期可选用代森锰锌、吡唑醚菌酯、氟噻唑吡乙酮、嘧菌酯等药剂喷雾。

第三节　葱蒜、韭菜类蔬菜病虫害的综合防治

大葱、小葱、姜、蒜、韭菜等蔬菜都是人们日常生活中用得比较

多的调味蔬菜，常见虫害主要有种蝇、葱蓟马、葱潜叶蝇、韭菜跳盲蝽和韭菜根蛆等。下面，我们一起学习了解下如何防治这些虫害。

一、葱地种蝇

葱地种蝇主要为害大蒜、葱和洋葱，有时也为害韭菜。以幼虫为害播种后的种子和幼嫩茎根，使种子不能发芽，幼苗死亡。葱地种蝇蛀食栽后的地下蒜瓣，轻则致蒜瓣裂开，地上部发黄，重则使整株死亡。

防治方法。

（1）农业防治。施用有机肥要充分腐熟，施肥时做到均匀、深施并与种子隔离，施后立即覆土。精选种苗，适期播种。发生蛆害后可用大水漫灌，隔日1次，连续2次。

（2）药剂防治。播种时沟施农药杀幼虫，成虫盛发期可用90%敌百虫或50%敌敌畏乳油1 000倍液喷雾，或50%辛硫磷乳油1 000倍液，隔6~8d再喷1次。

二、葱蓟马

葱蓟马主要为害大葱、大蒜、洋葱、韭菜及瓜类、茄果类蔬菜，以成虫和若虫锉吸寄主心叶、嫩茎、嫩芽等组织的表皮、吸取汁液。受害部位出现长条状白斑，严重时，葱叶扭曲枯黄，萎缩下垂，并传播多种作物病毒病。在干燥少雨、温暖的环境条件下发生严重。

防治方法。

（1）农业防治。清除残株落叶于田外烧毁，及时深翻耙地，减少虫源。小水勤浇，防止干旱，增施磷钾肥。

（2）物理防治。利用蓟马的趋蓝习性，在田间设涂有机油的蓝色板块诱杀。

（3）药剂防治。可交替喷施20%好年冬乳油2 000~2 500倍液，或2.5%敌杀死乳油，或20%菊马乳油1 000~1 500倍液，或2.5%功大乳油3 000~5 000倍液，或阿克泰1 000~15 000倍液。隔6~8d再喷1次。

三、葱潜叶蝇

葱潜叶蝇以幼虫在叶片组织中潜食叶肉，形成迂回曲折虫道，被害处仅剩上下表皮，严重时可使全叶枯萎，产量下降。

防治方法。

（1）农业防治。早春及时清除田内外杂草，处理残株，减少虫源。实行配方施肥，做好肥水管理工作。

（2）诱杀成虫。用糖醋液诱杀成虫。

（3）药剂防治。可用98%巴丹可溶性粉2 000倍液，或20%吡虫啉可溶剂2 000倍液，或20%好年冬乳油1 000倍液，或10%溴马乳油、菊马乳油1 500~2 000倍液，或40%七星宝乳油600~800倍液，注意及时交替喷施。

第四节　叶菜类蔬菜病虫害综合防治

叶菜类包括大白菜、甘蓝、芹菜、韭菜等，主要病害有霜霉病、软腐病、病毒病、黑腐病、黑斑病、干烧心、斑枯病、灰霉病等。主要虫害有蚜虫、菜青虫、小菜蛾、韭蛆、甜菜夜蛾等。

一、叶菜类蔬菜主要病虫发生特点

苗期遇雨地势低洼或排水不及时而易发软腐病；成株期高温多雨久旱遇雨软腐病严重；潮湿、阴雨天气有利霜霉病、黑腐病、黑斑病、菜青虫、小菜蛾的发生；天气偏旱易发生干烧心病和蚜虫、甜菜夜蛾，同时也利于病毒病的发生。

二、农业防治

（1）因地制宜，选用抗（耐）病优质品种。大白菜可选用秋绿系列品种；甘蓝可选用8398、中丹11号、冬甘1号及晚熟优质品种；芹菜可选用津南实芹、西芹等；韭菜可选用汉中、大弯苗等。实行翻耕、轮作、倒茬，加强中耕除草，清洁园田以压低病菌虫原数量，减少初侵染源。大白菜田要在播前翻地7~8寸（1寸≈3.33cm），晒垡

15~20d，并要保证播种期间的适宜墒情。提倡小畦种植，便于管理。

（2）培育无病虫壮苗种子消毒。防治霜霉病、黑斑病可用种子量的 0.4% 的 50% 福美双或 75% 百菌清拌种；也可用 25% 瑞毒霉按种子量的 0.3% 拌种；防治软腐病可用菜丰宁或专用种衣剂拌种。

（3）适时播种。大白菜一般以立秋前后为宜，早播病重，晚播包心不实。适时间苗和定苗。大白菜要掌握"三水齐苗、五水定苗"的原则，气候干旱病毒病重的年份适当晚间、晚定；在涝年晚播或霜霉病严重地块应提早进行。

（4）成株期的栽培管理。及时中耕松土可促进根系发育，干旱年份浅中耕可保墒，涝年深中耕可促进水分蒸发，提高地温，有利于发根提高抗病性，但注意避免伤根，困棵期要施好关键的肥水。

三、生物（生物制剂）防治

防治菜青虫、小菜蛾、甜菜夜蛾可采用 Bt 乳剂、虫螨克、七公雷等，防治韭菜蛆可用虫螨克。

四、物理防治

在大白菜田可采用银灰膜避蚜或黄皿（柱）诱蚜防治方法。

五、化学防治

加强田间病虫害的调查，掌握病虫害发生动态，适时进行药剂防治。所选药剂注意混用或交替使用，以减少病虫抗药性，同时注意施药的安全间隔期，严禁使用高毒、高残留农药。

防治霜霉病可选用 58% 甲霜灵锰锌可湿性粉剂 500 倍液、69% 安克锰锌可湿性粉剂 600~800 倍液、72% 克霜氰可湿性粉剂 500~700 倍液、72.2% 普力克水剂 800 倍液等喷雾。

防治炭疽病、黑斑病可选用 70% 甲基硫菌灵 500~600 倍液、80% 炭疽福美可湿性粉剂 800 倍液等。

防治软腐病等细菌性病害可选用 72% 农用链霉素可溶性粉剂 4 000 倍液或 77% 可杀得可湿性微粒粉剂 400 倍液、新植霉素 4 000 倍液。

常见虫害推荐使用农药防治菜蚜（甘蓝蚜、桃蚜、萝卜蚜等）可用50%辟蚜雾（抗蚜威）可湿性粉剂 2 000～3 000 倍液、25%快杀灵 1 000 倍液等。

防治菜青虫、小菜蛾也可选用菊酯类农药等。

防治韭菜蛆可选用 75%辛硫磷乳油 500 倍液、48%乐斯本 1 500 倍液灌根。

防治甜菜夜蛾可用 52.25%农地乐乳油 1 000～1 500 倍液。且在傍晚施药效果最佳。

第五节　设施蔬菜病虫害综合防治技术

一、设施蔬菜病虫害发生特点

设施蔬菜病虫害发生种类繁多，在保护地蔬菜生产中病害主要有霜霉病、灰霉病、细菌性角斑病、菌核病、白粉病、根结线虫病、病毒病、立枯病、猝倒病等；害虫主要有黄曲条跳甲、小菜蛾、温室白粉虱、烟粉虱、斑潜蝇等，常给菜农带来较大的经济损失。

由于保护地设施属人为控制的环境，其生态环境相对封闭，明显有别于田间自然条件。因此，棚室蔬菜病虫害的发生有其明显的自身特点。棚室温度明显高于露地，病虫害可周年繁殖或安全越冬，为害也重于露地，并为露地提供了病虫源；棚室内相对湿度高，光照不足，植株生长纤弱，降低了植株对病害的抵抗能力，喜湿性的霜霉病、叶霉病等病害发生严重；保护地设施投资较高，一经建成则较少移动，而保护地蔬菜种植的主要品种相对较少，造成重茬连作频繁，使立枯病、猝倒病、线虫病等多种土传病害明显重于露地；由于反季节栽培，生产上还不能提供完全满足蔬菜在非自然条件下所需的充足条件，因此保护地蔬菜的各种生理性病害、缺素病症等也逐年加重。

二、设施蔬菜病虫害综合防治技术

病虫害防治须坚持"预防为主、综合防治"的植保方针，根据塑料棚室保护设施的特殊生态条件，结合其病虫发生特点，坚持综合治理的原则，充分运用棚室保护地空间小、相对密闭、温湿度可人为调控的特点，在生产上采取农业防治、物理防治、生态防治、生物防治、合理化学防治等无害化综合治理技术，调节棚室的生态条件，营造不利于病虫发生为害而有利于蔬菜生长发育的环境，增强抗性，达到有效防治病虫害的目的。

（一）加强植物检疫

防止危险性病虫草等有害生物随蔬菜种子、秧苗、农家肥料等传入传播蔓延，一旦发现，要立即采取措施彻底清除。

（二）农业防治

1. 选用抗病品种

目前的抗病品种虽还不能满足保护地蔬菜生产的需要，但甘蓝、花椰菜、小白菜等蔬菜已有抗病品种供选用，应根据当地的生态条件、主要病害，有针对性地选用抗病品种，充分发挥抗病品种的作用。

2. 种子处理

多种病害可通过种子传播，种子处理可有效消除种子上附带的病菌，减少初侵染源。种子处理的方法有温汤浸种、药剂拌种等。

（1）温汤浸种。将种子放入 50~55℃温水中浸泡 15~20min，并不断搅拌，然后捞出晾干，催芽或播种，注意严格掌握浸种温度和时间。

（2）药剂拌种。可用多菌灵或甲基硫菌灵等可湿性粉剂拌种，用药量为种子重量的 0.4%（即 500g 种子用药 2g），注意种子及药粉均要求干燥，随配随用。农户可根据不同种子选择适当的处理方法。

3. 土壤消毒

土壤消毒重点是苗床，可用电热消毒法，即用电热线温床育苗时，在播种前升温到 55℃，处理 2h；另外，也可使用农药如绿亨 1 号、绿亨 2 号、地菌灵、根腐灵、多菌灵等进行土壤消毒处理。大面积土壤消毒最好是在夏、秋季高温季节棚室蔬菜拉秧后利用太阳能进行日光消毒，对于各种土传的真菌、线虫等病害都有很好的防治效果。

（三）生态防治

利用不适宜病虫害发生而不影响蔬菜生长的温湿度，通过短时间的高温高湿，起到杀灭病菌的作用，该法主要用于防治霜霉病、白粉病、灰霉病等，一般在蔬菜生长中后期且病害发生严重时采用。闷棚前最好先喷药后闷棚，闷棚前 1d 灌透水。闷棚时间一般为晴天8：00—9：00 开始，温度达 45～46℃，持续 2h 后缓慢降至常温。

（四）物理防治

可利用黄板诱蚜或银灰色膜遮阳，在棚室内悬挂 20cm×25cm 黄板，每亩（1 亩≈667m^2）挂 30～40 块可有效诱杀烟粉虱、美洲斑潜蝇等，效果较好；用银灰色遮阳网覆盖，可有效驱避蚜虫，减轻蚜虫为害。利用 18～20 目防虫网全生产过程全网覆盖，可实现整个蔬菜生长过程不施用杀虫剂；或夏、秋季遮阳网顶层覆盖。除减少蚜虫为害外，还起到遮阳和防暴雨冲刷的双重效果。人工清除中心病株，捕杀大龄幼虫，尤其是夜蛾类害虫，把病虫株带出棚室外销毁。使用无滴棚膜、铺黑色地膜、采用膜下滴灌等措施，降低棚室内湿度，可大大减轻病害发生。黑地膜不仅可提高蔬菜产量，还可抑制杂草生长；膜下滴灌不仅降低棚室内湿度，而且省工、省本、节水，农药可随水一起渗入作物根部，可提高蔬菜产量和品质。

（五）生物防治

棚室是相对封闭的生态环境，一些生物防治措施较易推行。鳞翅目幼虫可选用苏云金杆菌（Bt）乳剂、青虫菌 HD-1 等防治，害螨可用浏阳霉素防治；斑潜蝇、小菜蛾、菜青虫等可用阿维菌素防治；白粉病、灰霉病等可用武夷菌素防治；炭疽病、枯萎病等可用嘧啶核苷类抗菌素（农抗 120）防治。

（六）化学防治

合理使用化学农药，减少棚室内化学农药使用量，降低蔬菜中的农药残留量。选用高效低毒低残留农药，禁止甲胺磷等高毒高残留农药及其复配剂在蔬菜上使用。正确掌握用药量及用药最佳时间，按照规定要求剂量和用药次数防治病虫害；交替、轮换用药，防止单一使用同一种农药，避免病虫产生抗药性。害虫治早、治小，病害以预防为主，发病前保护性用药，间隔7~10d喷1次，发病后间隔4~5d喷1次，发病严重时3~4d喷1次，连续防治3~4次，要求在晴天中午前后喷药，待叶面药液晾干后再盖小棚膜或闭棚。大力推广烟熏剂，烟熏剂不需要用水，相对降低了棚室湿度，还解决了阴雨天棚室内不能喷雾的难题。在使用烟熏剂时要求棚室密闭，不漏烟。目前使用的烟熏剂有预防病害和治虫两种。严格掌握各种农药的安全间隔期，不盲目打药，不打保险药，按照蔬菜安全间隔期采收上市。

第四章 食用菌栽培技术员

第一节 食用菌的定义及分类地位

一、食用菌的定义

食用菌也称为"菌""覃""耳""蘑菇"等。广义指一切可被人类食用的真菌，既包括肉眼可见的大型食用真菌，如平菇、香菇、金针菇等，也包括肉眼难以看清的小型食用真菌，如酵母菌、脉孢霉、曲霉等。狭义指一类可供人类食用的大型真菌，通常能够形成大型肉质或胶质的子实体或菌核类组织，如肉质的杏鲍菇、草菇、白灵菇等；胶质的银耳、木耳、金耳等；菌核类组织的茯苓、猪苓、雷丸等。食用菌属大型真菌，在已知的种类中，大多数（约占90%）属于真菌门中的担子菌门，极小部分（约占10%）属于子囊菌门。

二、食用菌的分类地位

分类鉴定是野生食用菌资源采集、驯化、育种、栽培等科学研究的基础。早期的分类主要以形态学（宏观和微观）、生态学特征为依据，根据各类群之间特征的相似程度按界、门、纲、目、科、属、种7个分类等级进行分类，采用林奈创立的双名法命名物种，每一个种均用拉丁文给以二名制，即两个词组成的名字，第一个词是属名，第二个词是种名，后面是命名人姓名的缩写，如荷叶离褶伞、杨柳田头菇。

目前，自然界有200多万个已知物种，真菌大约25万种，其中大型真菌1万多种，食用菌2 000多种（我国约有980种），且约有90%属于担子菌门，约10%属于子囊菌门。

第二节　常用食用菌栽培技术

一、香菇

(一) 段木栽培

段木栽培就是利用一定长度的阔叶树段木进行人工接种、栽培食用菌的方法。一般经过选树、砍树、截断、打孔、接种、发菌、出菇管理、收获等过程。香菇的段木栽培生产步骤如下。

1. 选择菇场

选择场所需要兼顾林木资源、水源、地形、海拔等条件。菇场周围应有水源、菇木资源以及高大树木遮阳。菇场应坐北朝南，西北方向日照不足，易受寒风袭击。

2. 准备段木

（1）菇树的选择。段木栽培选用的树木以桦、杨、柳、枫、栎树等阔叶树较好，松、柏、杉等针叶树因含有酚类等芳香性物质，对菌丝的生长有一定的抑制作用，通常不用。一般选用树皮厚薄适中（0.5~1cm），不易脱皮，具有很好的保温保湿、隔热、透气性能，具有一定弹性，木质比较坚实，边材发达，心材较少，树皮较厚又不易脱落的木材。直径要求在10~20cm粗的树木为好。

（2）适时砍树。休眠期是砍树的最佳季节。在休眠期，树叶中的营养物质转移至树干和根部贮存，形成层停止活动，砍下的树木营养物质含量高，有利于种菇。

（3）适当干燥。通常将砍伐后的菇树称作原木，将去枝截断后的原木称作段木。进行原木干燥，实质上就是为了调节段木含水量，以利于香菇菌丝在段木中定植生长，段木含水量在40%~50%时接种较易成活。

（4）剃枝截断。原木干燥后应及时剃枝截断。这项工作应在晴天进行。把原木截成1~1.2m长的段木。截断后段木两端及枝权切面要用5%石灰水或0.1%高锰酸钾溶液浸涂，以防杂菌感染。

3. 段木接种

（1）接种季节的确定。人工栽培香菇，在气温 5~20℃ 范围内均可接种，其中，以月平均气温 10℃ 左右最为适宜。一般年份，长江流域接种季节在春季，2 月下旬至 4 月底，最好在清明前过定植关。华南地区冬季气温常在 2~3℃，可在 12 月至翌年 3 月接种。华东地区最适接种季节为 11 月下旬至 12 月上旬。

（2）菌种的选择。选菌龄适宜、生命力强、无杂菌、具有优良的遗传性状、适合段木栽培的优质菌种。可用木屑菌种、枝条菌种或木块菌种等。

（3）打眼接种。打眼工具一般用电钻或打孔器，钻头直径一般为 1.2~1.3cm，用工具在段木上打孔，接种穴多呈梅花状排列，行距 5~6cm，穴距 10~15cm，穴深 1.5~1.8cm。打好孔后，取一小块菌种塞进穴内，装量不宜过多，以装满孔穴为止，切忌用木棒等物捣塞。菌种装完后，在孔穴上面立即盖上树皮，用锤子轻轻敲打严实，使树皮最好和段木表面相平，不能凸出也不能凹陷。树皮盖的厚度以 0.5cm 为宜，太薄时易被晒裂或脱落。条件好的，还可用石蜡封口。

4. 发菌期的管理

接种后的段木称作菇木或菌材。发菌是根据菇场的地理条件和气候条件，对堆积的菇木采取调温、保湿、遮阳和通风等措施，为菌丝的定植和生长创造适宜的生活条件。

5. 出菇期的管理

（1）补水催蕾。成熟的菇木，经过数个月的困山管理，往往大量失水，同时菇木上子实体原基开始形成，并进入出菇阶段，对水分和湿度的需求随之增大。菇木中水分若不足，就影响出菇，因此一定要先补水，再架木出菇。补水的方法主要有浸水和喷水两种。浸水就是将菇木浸于水中 12~24h，一次补足水分。喷水则首先将菇木倒地集中在一起，然后连续 4~5d 内，勤喷、轻喷、细喷，要喷洒均匀。补水之后，将菇木"井"字形堆放，一般在 12~18℃ 温度下，2~5d 后就可陆续看到"爆蕾"。

（2）架木出菇。补水后，菇木内菌丝活动达到高峰，在适宜的温差刺激下，菌丝很快转向生殖生长，菌丝体在菇木表层相互扭结，形成菇蕾。为了有利于子实体的生长，多出菇，出好菇，并便于采收，菇木就应及时地摆放在适宜出菇的场地，并摆放为一定的形式，即架木出菇。架木出菇主要有"人"字形架木出菇和覆瓦状架木出菇两种方式。

6. 采收

当香菇子实体长到七八成熟时，菌盖尚未完全展开，边缘稍内卷呈铜锣边状，菌幕刚刚破裂，菌褶已全部伸直时，就应适时采摘。如果采摘过早，就会影响产量，过迟采摘则会影响品质。

7. 越冬管理

在较温暖的地区，段木栽培香菇的越冬管理较简单，即采完最后一潮菇后，将菇木倒地、吸湿、保暖越冬，待来年开春后再进行出菇管理。在北方寒冷的地区，一般都要把菇木呈"井"字形堆放，再加盖塑料薄膜、草帘等以保温保湿，利于菇木安全越冬。

（二）代料栽培

代料栽培香菇主要分成压块栽培和袋栽两种方式。压块栽培是过去室内传统的栽培方式，利用挖瓶或脱袋压块后在室内出菇。香菇袋栽是近十几年来发展起来栽培香菇的新方法，即把发好菌的袋子脱掉后直接在室外荫棚下出菇。两种栽培方法所用的培养料和基本生产工艺相同，只不过袋栽省去了压块工序，减少了污染的机会，更适合于产业化大规模生产。

二、金针菇

金针菇栽培一般多采用瓶栽法。此法成功率高。日本和我国台湾省都已采用瓶装进行工厂化、自动化周年生产，但在我国仍采用手工劳动为主的瓶装。

（一）栽培容器

一般都采用菌种瓶 750mL 或玻璃罐头瓶 500mL 作为栽培容器。

（二）装瓶打孔

瓶装金针菇时，其菌种的制备、栽培季节的选择、原料准备、培养料配制、拌料等都与其袋栽相同。将拌好的培养料装入瓶中，料装至瓶肩，要求上紧下松，压平料面。

用1根直径为2~2.5cm的锥形棒，在瓶内料面中央打1个直通瓶底的接种孔，以利于通气，促使菌丝能上、中、下同时生长。

（三）扎口灭菌

打孔后，取1块干净的布，把瓶口内外粘的培养料擦干净，减少杂菌污染的机会，然后用1层牛皮纸或用2层报纸或2层塑料布盖在瓶口上，而后用绳子扎好瓶口。

把装好的罐头瓶装到土蒸锅中去灭菌。装锅时，将罐头瓶横倒放于锅内隔层架子上，瓶口对瓶口，瓶底对瓶底。摆满1层后，以上摆放的方法同第1层。这样装锅灭菌的方法比瓶子竖着放好。瓶口的纸盖不易潮湿，从而减少污染。装好锅后，点火升温，灭菌方法同袋装。

（四）接种

将灭过菌的瓶子晾至30℃以下时，可在消过毒的接种箱内或超净工作台上接种。接种方法参照袋装。

（五）发菌管理

接种完毕后，将栽培瓶移到消过毒的培养室发菌，瓶栽金针菇发菌培养条件和其袋装时要求的条件一样。只不过由于瓶栽比袋装的原料少些，因此发菌时间短些，一般在适宜条件下菌丝长25d左右即可长满袋。其中，以棉籽皮培养料生长较快，在发菌过程中一定要防鼠害。

（六）出菇管理

温度对子实体生长影响很大。当培养室或菇棚温度为6℃时，子实体生长较慢，但子实体菌盖小，菌柄长，菌盖圆整、色淡，不易开伞，商品价值高，如果温度为9~16℃时，子实体生长较快，品质有所下降，但通过调节湿度、通风等措施，还能得到品质较好的菇。当温度高于16℃以上时，菌盖易开伞，颜色深，质量差，因此高温季节影响出菇。要选好适宜的栽培季节，才能培养出质量好、产量高的金针菇。

（七）采收

菌柄长到 13~18cm，菌盖直径 8~10mm 时，开始采收。采收完第1潮菇后，就要进行搔菌、通气、保湿等转潮出菇管理措施，尽快产生第2潮菇。详细的出菇管理方法参照袋栽。

三、滑菇

（一）培养料

滑菇母种采用加富 PDA 培养基，22℃恒温培养 1 周至满管；原种和栽培种的培养料配方为木屑 70%、稻壳 10%、麸皮 12%、玉米粉 6%、糖和石膏各 1%，水适量；滑菇栽培料配方为木屑 80%、麸皮 15%、玉米粉 3%、糖和石膏各 1%，含水量 55%~60% 为宜。

（二）培养料预处理

一是杀死料中不耐高温的杂菌和害虫；二是软化培养料以使料中养分易于被菌丝吸收利用。将培养料进行常压灭菌，100℃下维持 2~3h 即可。

（三）培养料制作菌块（又称包料）

滑菇采用箱式块栽为佳，因此需把培养料制成长方形块状。具体做法：用玉米秸串帘成托帘（帘的规格为 61cm×36cm），用塑料薄膜包料（薄膜大小为 120cm×110cm，薄膜需用 0.1% 的高锰酸钾消毒），并用长方形木框作模子（规格为 60cm×35cm×8cm）。做块时，在托帘上放木框模子，将薄膜铺于模内，再将灭过菌的培养料装入薄膜内，每块装湿料重 6~8kg，最后用薄膜包好料后脱框。托帘上托着菌块，送到接种室接种。

（四）接种

接种前室内每平方米用甲醛 10mL、高锰酸钾 5g 进行混合熏蒸消毒。采用表面播种方法，每块用种量 1/2 瓶。接种后送到培养室培养。

（五）出菇管理

接种后，初期（3月）外界气温低于菌丝生长的起点温度，此期管理中心以保温为主。发菌初期空气湿度不宜过大，菌块不需喷水。每周通风换气 1～2 次。培养 4～5 个月后菌丝基本达到生理成熟，即为发菌后期，此时培养室必须清洁、凉爽、避光，加强通风，温度控制在30℃以下。

（六）采收和采后管理

一般在子实体呈半球状、菌膜未开裂时采收。采收前 2d 停止向菇体喷水。采收时应用手握住菇根扭转提起，不要破坏培养基。采收后立即剪去老化根、黑根、虫根，根底要剪平，并用清水洗去杂质。在头潮菇采收 10～12d 后可采收第 2 潮菇，整个生长周期可采收 2～3 潮菇。滑菇采收后应及时销售或加工，以免菇盖开伞，降低商品价值。

四、银耳

银耳菌袋接种培养采用安全容腔培育银耳，菌丝生理成熟，进入揭胶布扩穴增氧阶段，把菌袋放入安全容腔中培养出耳，直至采收。整个生长过程不喷水、不打药、无污染、无虫害。这种安全容腔的创新点在于腔内体积比原来的营养罐栽培和罩袋栽培的设置更为宽敞，银耳子实体不受罐或袋壁的约束，故耳片舒展、无畸形、朵型丰满、色泽洁白、品质好、外观美，完全符合绿色食用菌栽培技术质量要求。其具体栽培方法如下。

（一）安全容腔设置

安全容腔是以聚丙烯为原料，通过模具热注成型，透明度强，耐光性好。容腔长 50cm，分成两段对接，腔内直径 16cm，中间螺旋旋接。容腔两端配有透气口，厚 0.5cm，宽 6cm，装有空气过滤材料。这种安全容腔可有效地控制害虫侵袭。

（二）菌袋入腔

菌袋在 23～25℃、干燥卫生的环境中培养 15～16d，菌丝生理成熟时，应对菌袋进行严格检查，凡被杂菌污染或怀疑有病害的菌袋，一律淘汰。在消过毒的洁净培养室内，揭去菌袋穴口上的胶布，用刀片在接种穴口上割膜 1cm 宽，扩大穴口，以利于袋内菌丝透气增氧。经过揭布扩口后的银耳菌袋，在无菌室内装入安全容腔内，顺手旋紧两端，使其对接成整体。菌袋入腔后保持接种口向上，使 3~4 个接种穴的银耳子实体，在容腔内向腔内上方正常生长。

（三）出耳管理

菌袋在安全容腔内，完全靠腔内的小气候环境自然生长。由原基分化成幼耳，并逐步发育形成子实体，整个生长时间 15~18d。这期间不喷水、不施药，管理重点是控制在 23~25℃恒温培养。容腔内外温度基本接近，但应注意气温高时，菌袋扩口增氧进腔后 1~2d，菌丝代谢加强，菌温自身会升高 2℃，因此容腔外的室温应调低 2℃，控制在 21~23℃，以利于幼耳正常分化。早、晚开窗通风，长耳阶段须给予散射光照，以利于子实体展片。

（四）产品保鲜运销

安全容腔培育的银耳，菌丝生理成熟后，在正常气温下生长 15~18d，当耳片伸展、形似牡丹花、色泽洁白、朵型丰满时，即可作为商品上市。产品包装采用塑料泡沫箱，内交叉重叠 3 层，每层 4 袋共计 12 袋，用 4℃冷藏车运输。保鲜商品橱窗在 4~12℃条件下，货架期 10~20d。塑料安全容腔可回收再利用。如作为干品销售，可把子实体割下，置于专用脱水机内烘成干品，产品包装袋贴"绿色食品"标志上市。

第三节　珍稀菇类栽培技术

一、杏鲍菇

为了提高高山绿色杏鲍菇的质量，满足人们对绿色杏鲍菇的需求，实现生态、社会、经济效益的同步增长，有关部门参照有关法规、标准，总结出了高山绿色杏鲍菇栽培技术。其内容如下。

（一）栽培季节

春栽：从播种至培养出菇，12月至翌年5月。秋栽：从播种至培养出菇，7—11月。

（二）菇棚的设置

1. 菇场选择

选择海拔750m以上，避风向阳，近水源，远离畜禽舍、饲料场、仓库，排水方便，交通便捷，无"三废"污染，空气新鲜，水质洁净的场所作为菇场。

2. 建棚、搭床

建棚搭床同时进行。菇棚宜坐北朝南，棚间距1m左右，棚高2.5m，宽5m，长20m，上层盖塑料薄膜，外罩遮阳网。菇棚的设置要求是：既能及时通风换气，又具有良好的保温、保湿性能，最好达到冬暖夏凉的效果。为利于通风，床架与菇棚方向应一致。1个大棚内搭3列床架，床面宽以两边都能采菇操作为准，一般宽80cm。每个栽培床架设6层菇床，层距30cm。每个大棚可排放7 000袋。

（三）拌料装袋

培养料配方：木屑72%，麦麸25%，石膏2%，石灰1%；含水量60%，pH值6~7。

按照生产数量和配方准确称取以上各培养料，且在未加水前干拌3次，随后加入所需要水量搅拌均匀，使培养料的含水量达60%左右。用装袋机装料，装入12cm×50cm×（0.004~0.006）cm规格的低压聚乙烯薄膜袋中。

（四）灭菌接种

采用常压蒸汽灭菌。当蒸仓内温度达到100℃后保持18h。将料袋搬入经消毒的冷却室，冷却至28℃以下。按无菌操作规程，在经消毒的接种室中接种。

（五）发菌管理

将接种后的菌袋，置于25℃左右、空气相对湿度70%以下、光线较暗的培养室中，按"井"字形堆叠 7~8 层进行培养。接种后 6~8d 进行第一次翻堆，拣出杂菌污染的菌筒；菌落直径 5~6cm 时进行第二次翻堆，并撕掉封口膜，拣出有杂菌污染的菌筒。经 40~45d 培养，菌丝即可长满袋。

（六）出菇期管理

（1）温度管理。出菇阶段的温度，可略高于原基分化阶段的温度，即保持在 8~20℃；忌超过 22℃，以防幼小菇蕾萎缩死亡。在中午前后气温高、光照强烈时，结合喷水、通风，进行降温处理。早春或秋、冬季，气温较低时，适当关闭门窗，中午增加光照，晚上加厚覆盖，以提高栽培棚内的温度。

（2）水分管理。初期空气相对湿度要保持在 90% 左右；当子实体菌盖直径长至 2~3cm 后，空气相对湿度可控制在 85%，不但可以减少病虫害发生，还有利于后续管理。当气温升高、空气相对湿度低于 80% 时，应适当喷水增湿，忌重水及直接喷水于菇体上，以免引起子实体黄化萎缩，甚至腐烂死亡等。用细喷、勤喷的方法保湿，可减少喷水造成的不良影响。

（3）通风管理。保持棚内通气，空气新鲜。

（4）光照管理。避免阳光直射，只需少量的散射光即可。

（七）及时采收

菇长至七成熟时即适时采收。采摘前 1d 停止喷水。采收时，用拇指、食指和中指轻轻地捏住菇柄，小心转动旋出，放入干净的容器内。切勿抛甩，以免造成菇体损伤，影响质量。采收后，要用锋利的小刀削掉鲜菇基部的培养料，分级装袋，抽掉空气，每袋装 2.5kg，放入塑料篮中，每篮 2 袋。

二、大球盖菇

（一）产地环境

大球盖菇的制种及栽培场地，应选在地势平坦、靠近水源、水质良好、排水方便、空气清新、光照充足、交通便利的地方，并且要远离食品酿造厂、畜禽棚舍、医院、公路主干线、垃圾场以及"三废"

污染严重的厂矿等污染源。

（二）原辅材料要求

制种及栽培过程中所用的原辅材料，包括主要原料（简称主料）、辅助原料（简称辅料）、化学添加剂等几类。虽然制种过程中所用的原辅材料种类有限，但也必须严格选用。

栽培大球盖菇所需的主料及辅料，均为稻草、麦秸、玉米秸、豆秸、亚麻千、甘蔗渣、野草、阔叶树木屑、麦麸、米糠等农林副产品下脚料。对主料及辅料的选用要把好"四关"。一是原料采集关。原料要求新鲜、洁净、干燥、无虫、无霉、无异味，最好进行农药残留和重金属含量的检测，尽量避免使用农药残留和重金属含量超标的农作物下脚料。大力开发和使用污染较少的野草（又叫菌草），如芒萁、斑茅、芦苇、五节芒等作培养料。二是入库灭害关。原料进仓前，要烈日暴晒，以杀灭病原菌和害虫。三是贮存防潮关。仓库要求干燥、通风、防雨淋、防潮湿。四是拌料质量关，无论是制种还是栽培，在配制培养基（料）时，都不允许加入农药拌料。但在生料栽培时，可以视需要，加入适量的绿色消毒剂。

（三）产品保鲜加工要求

大球盖菇采收后，既可以及时鲜销，也可以经过保鲜及加工后销售。无论是鲜销或是保鲜及加工后的产品，均要达到绿色产品的标准。多年来，我国的许多食用菌产品，在保鲜及加工过程中，常因添加药剂不当而引起含硫量等指标超标。为此，大球盖菇等食用菌的保鲜及加工，必须全面推广适合入世后的国家卫生标准。在保鲜及加工厂（场）的环境条件、厂房布局、建筑设计、设备的选型与使用、加工用水、人员的选用和培训，以及产品的质量标准、包装、贮存、运输等方面，均要严格按照绿色生产的要求进行，以保证将优质的大球盖菇产品最终呈现给广大消费者。这方面的国家标准有很多，限于篇幅，其具体内容不再详述，有关内容可参照相应的标准。

三、羊肚菌

(一) 羊肚菌现行栽培模式

1. 大田栽培模式

我国现有羊肚菌人工栽培模式多样,但进入规模化商业性栽培的仍是以四川省科研部门经过 20 多年不断探索,研发成功的大田畦床无基料播种仿生栽培模式为主体。此种栽培模式可充分利用水稻或其他作物收获后的田地,通过机耕整理成畦床,菌种播入畦床土层内发育培养;并适时在畦床上摆放营养包,作为外源营养。畦床上方搭盖简易防雨遮阴篷。从播种到出菇一般 60d 左右,整个生产周期 5 个月左右,每亩地一般可收鲜菇 200~500kg,实现了羊肚菌人工栽培速生高产优质的效果,因此被广泛采纳推广应用,在长江以南地区均效仿此模式栽培。

2. 室棚内栽培模式

我国地理复杂,气候不一。各省根据地域条件在羊肚菌栽培方式上紧接地气,因地制宜采取不同方式栽培。云南省贡山县根据当地独特自然环境采取室内建床,菌种脱袋覆土长菇。而北方的山西省结合当地气候环境与实际条件,采取高棚和拱棚栽培模式,利用现有温室大棚安装喷灌设备和遮阳网栽培。相对而言高棚模式温湿度稳定,容易调控,产量较高;而拱棚模式投资较小,产量不稳。内蒙古赤峰市村民王殿生,利用现有日光温室栽培也喜获丰收。

3. 循环栽培模式

在羊肚菌栽培模式上,各地科研部门和广大菇农采取多样式产业链栽培。我国羊肚菌未来发展模式有以下几种产业链循环模式,供栽培者参考。

(1) 果园循环产业链模式。

(2) 林地大棚循环产业链模式。

(3) 温室大棚循环菌菇产业链模式。

(4) 工厂化或家庭小微工厂化模式。

（二）发菌培养管理技术

1. 掌握发育阶段的特殊性

羊肚菌播种覆土后，菌丝发育和子实体形成与生长，均在田间完成。而整个生产周期，有近一半时间为发菌阶段。因此羊肚菌菌丝培养得好坏直接影响产量高低。大部分产区养菌阶段通常是秋冬季节，降水量偏少；而北方地区秋冬季节常伴有大风天气，容易造成土壤水分流失，影响菌丝发育。长江以南地区特殊年份，有长时间的阴雨天气，这样容易造成土壤含水量偏大，氧气含量不足，而导致菌丝发育受阻。其次，由此引发菌种霉烂，菌丝不萌发，导致栽培失败。

2. 畦床遮阳养菌

羊肚菌接种后菌丝生长阶段需要避光遮阳，创造"三阳七阴"环境条件。根据栽培房棚设施状况，采取不同方式遮阳。现有的栽培棚有简易遮阳网大棚和钢架大棚两种，遮阳网大棚又有矮棚、中棚和高棚3种。菇棚设施已设置有遮阳条件，其光照度适用于羊肚菌菌丝生长发育。采用大田露天栽培的，可采用竹木作柱架，搭建简棚，上面覆盖遮阳网和防雨膜，有利于菌丝生长发育。

3. 田间管理

播种后3d要浇一次水，俗称"种水"，土壤耕作层30cm以上要浇透，手握一把土，松手后既可成团又可散开。同时还要视当地气候和土壤湿度状况，进行水分管理。在春节前干燥天气，畦床表面土层偏干时，应喷水1~3次，保持土壤湿润。下雨天及时做好畦床防雨膜铺盖，防止雨淋淤水，导致菌丝发生腐烂。同时注意通风换气，避免缺氧。羊肚菌土壤作为基质，所谓"种水"等于培养料栽培食用菌的料与水，是为了满足羊肚菌菌丝生长发育所需要的水分。播种后进入越冬期，水分蒸发量低，应根据当地当时天气变化，灵活掌握喷水量，总体要求保持土壤湿润不干燥，但也不可过湿。

（三）出菇管理关键技术

羊肚菌子实体生长发育阶段管理极为重要。许多栽培者在试验或进入商品化生产时，往往是菌丝培养很好，原基已分化菇蕾，但子实体不能正常发育，究其原因主要是管理失控。因此进入长菇阶段必须营造羊肚菌适应的生态环境条件。

第四节 药用食用菌栽培技术

一、猴头菇

（一）品种选择与栽培季节

栽培的主要品种有：C9、H11、H5.28、H401、H801、Hsm。

猴头菇的栽培季节，应根据其子实体生长温度以 16~20℃ 为最适宜的特点和当地的气候条件确定。

一般春秋两季均可栽培，华南地区春季在 2—3 月开始接种，秋季以 9—10 月接种栽培为佳。

（二）培养料的配制及装袋

1. 培养料的配制

（1）棉籽壳 50%，木屑 30%，麦皮 16%，石膏或碳酸钙 2%，糖 1%，过磷酸钙 1%。

（2）草粉 50%，木屑 26%，麦皮 20%，石膏或碳酸钙 2%，糖 1%，过磷酸钙 1%。

木屑 69.5%，麦皮 25%，黄豆粉 2%，石膏或碳酸钙 2%，糖 1%，尿素 0.5% 配制时，先将主料拌和均匀，再将其他辅助料（如石膏粉、过磷酸钙或糖等）溶解于水后，缓慢喷洒入培养料中，料：水 =1：（1.2~1.5），使含水量达到 70% 左右。拌料后，将料堆成堆稍闷半小时，使料充分湿润，而且吸水均匀，防止干湿不匀现象。因为猴头菇喜欢酸性，培养料中不宜加石灰，使料的 pH 值控制在 4~5。

2. 装袋前

装培养料的塑料袋规格不一，但以 15cm×55cm 的低压聚乙烯塑料袋常用，每袋可装干料 0.2~0.25kg。装料前先将袋口一头用线绳扎好，装料时将料压实，上下松紧度要一致，且袋口要擦干净，以避免杂菌从袋口侵入。装满料后，从中央打上通气接种孔，再用线绳将另一口扎紧。

3. 培养料的消毒

采用高压消毒灭菌，也可采用常压灭菌，当温度达到 100℃ 后，保持 14h 以上，停火后再密闭 4~6h。

（三）播种发菌

待料温降至 30℃ 以下时，在无菌条件下进行接种。每袋接 5 个穴，接种后，将菌筒搬入培养室，按"井"字形堆叠发菌，培养室内温度维持 20~25℃，空气湿度 65% 左右，遮光培养。于菌丝生长旺盛期（接种后 15d 左右），温度降低至 20℃ 左右。经 20~28d 培养，菌筒的菌丝基本长满，应及时将菌筒搬入菇棚进行催蕾出菇。

二、灵芝

（一）设施大棚

种植灵芝的时候需要在地势高、保温保湿能力强、光照充足的地方来建造大棚，大棚大小需根据养殖灵芝的数量来定。大棚建造好之后还要在里面放入高锰酸钾和甲醛溶液熏蒸 24h，促使灵芝健康生长。

（二）栽培基质

灵芝的生长对土壤的要求比较高，种植的时候需要提前准备好栽培的基质。可用玉米粉、石膏、木屑、麸皮、棉籽壳、黄豆粉等进行混合，配制成基质，还要往里面浇灌水分，促使基质的含水量在 60% 左右。最后将基质装入塑料袋中进行高压灭菌。

（三）种植方法

种植灵芝的时候选优良的菌种，直接接种到栽培基质上，然后放到消毒好的大棚中就行，每周需翻动一次，保证菌袋内部的温度均衡，避免灵芝出现生长不良情况。发现有长绿霉、杂菌的菌袋要及时去除掉。

（四）温度适宜

灵芝在生长期间对温度的要求比较高，喜欢温暖环境，养殖期间必须很好地控温，温度最好在 26~28℃，这样能促使尽快形成子实体。此外，间隔 5~7d 需翻动一次菌袋，促使袋内的氧气增加。灵芝长满菌袋之后需要提供散光照，保证光照充足，这样才可促使它旺盛生长。

三、蛹虫草

（一）种植方式

（1）瓶养。国内大多采用罐头瓶方式来养殖虫草，瓶养的方法优势在于成本低、便于管理，尤其对种子、幼苗有利。缺陷在于瓶子多，管理所需时间长。

（2）盆养。盆养的技术方式优势在于种植面积大，成本不是很高。其缺陷是成活率不如瓶养的高。

（二）种植条件

（1）温度。蛹虫草菌丝在生长时温度需要在 10~28℃最佳；原基分化温度在 10~25℃，生产中为刺激原基的适时形成，可调温度在 5~10℃；子实体生长温度为 10~25℃，最佳温度为 20~23℃。

（2）营养。首先，蛹虫草可利用的主要营养物质是葡萄糖、麦芽糖、淀粉、蔗糖等。以单糖或者小分子双糖的利用效果为最佳。其次，如豆饼粉、蛋白胨、酵母膏等均可；最后，也可以利用有机态氮。

（3）水分。不管什么生物，水分都是重要的基础条件，蛹虫草也不例外。生产中，基质含水量宜在 60%~65%，菌丝培养阶段的相对空气湿度保持在 60%~70%，形成原基后应调至 80%~90%。

（4）氧气。蛹虫草与其他食用菌相仿，生长发育过程同样是一个吸氧排碳的代谢过程，尤其原基分化后需要氧量更多，故需保持相对较清新的空气，以保证氧气的充分供应。

（5）光照。蛹虫草生长的前期，强光对其有较大的抑制和伤害作用，所以蛹虫草生养前期应该保持完全黑暗的状态。而后期可以适当地给予其光照，有加速生长的效用。

（6）pH 值。蛹虫草适合酸性环境，菌丝生长阶段适应 pH 值 5.2~6.8 的基质，人工种植时基质 pH 值可调到 7~7.5。

第五章 水产养殖技术员

第一节 水产养殖技术员概述

一、职业定义

水产养殖技术员是指从事水生动植物培育与养殖工作,具有一定的水产养殖专业基础理论知识,并且能够解决水产养殖生产中出现的技术问题的工作人员。

二、我国池塘养鱼的现状和发展趋势

池塘养鱼在内陆水产养殖中占据着重要的地位。目前,我国的池塘养鱼面积稳定在 240 万~300 万 hm^2,池塘单位面积产量和经济效益不断提高,养鱼技术相对成熟;养殖品种齐全,养殖生产模式较为合理,同时不断有养殖新品种得到引进与推广;人工配合饲料的开发应用,很多名特优新品种人工繁殖技术的突破,养殖技术的进一步提高,为池塘养鱼的快速发展奠定了基础。实施了设施渔业、休闲渔业、生态渔业、可持续发展渔业、无公害渔业、绿色渔业、有机渔业等新型渔业,加快了现代渔业的发展步伐。

我国池塘养鱼的发展经历了从粗放粗养到精养再到全封闭、循环水工厂化养殖的过程。加入世界贸易组织(WTO)后,我国水产业逐步融入国际化竞争中来,池塘养鱼的发展迎来了新的机遇和挑战。为了适应新的形势,在国际竞争中立于不败之地,从总的趋势看,我国的池塘养鱼必将朝着集约化、产业化、智能化、信息化、标准化和优质化方向发展。

第二节　淡水养殖鱼种类

淡水鱼养殖品种：鲤鱼、长吻鮠、黄颡鱼、鳙鱼、鲫鱼、草鱼、叉尾鮰、云斑鮰、团头鲂、鲢鱼等。

一、鲤鱼

鲤鱼是一种淡水鱼，它们是可以人工养殖的，可以养殖在家中，也可以大范围养殖在养殖池或者鱼塘之中，鲤鱼的适应性不错，对水温、含氧量等因素的适应性都不错。

二、长吻鮠

长吻鮠是我国特有的名贵淡水鱼之一，属温水性鱼类，它的生存适温是 0~38℃，最佳生长水温是 25~28℃，并能在池塘里自然越冬，该鱼性情温驯，易捕捞。

三、黄颡鱼

黄颡鱼是无鳞鱼，对许多药物敏感，因此在养殖过程中必须保持养殖环境优良，无论是新、旧池塘，都必须经过严格彻底的清塘消毒。

四、鳙鱼

鳙鱼是一种淡水鱼，能够适应肥沃的水体，性格温顺，主要的食物是水中的浮游生物，比如轮虫、水蚤，也会吃一些浮游植物和人工饲料。

五、鲫鱼

养殖鲫鱼的池塘要选择在空气清爽、没有污染、水源充分、交通便利、排灌便利的地方，这样的地块比较适合作为鲫鱼的养殖场地，还要多预备些换氧机械、水泵、捕捞网、尼龙网。

六、草鱼

草鱼是中国重要的淡水养殖鱼类，它和鲢、鳙、青鱼一起，构成了中国的"四大家鱼"。

七、叉尾鮰

叉尾鮰属于鲶形目、鮰科鱼类，有生长快、适应性广、抗病力强、食性杂、肉质好等优点，是大型经济淡水鱼类，原产于北美洲，我国1984年由湖北省水产科学研究所引进，1989年自繁成功，现已成为我国重要的淡水养殖品种。

八、云斑鮰

云斑鮰又称褐首鲶，属鲶形目，鮰科，原产于北美洲，也是美国淡水养殖品种，它具有适应性强、食性广、易养殖、成活率高等优点。

九、团头鲂

我国不仅野生的团头鲂数量多，而且还生活着不少人工养殖的团头鲂，它们是人工养殖的主要鱼种之一，团头鲂属于淡水鱼，因而在人工养殖它们的时候，同样采用的也是淡水。

十、鲢鱼

鲢鱼广泛分布于亚洲东部，在我国各大水系随处可见，此鱼生长快，从二龄到三龄，体重可由1kg增至4kg，最大个体可达40kg，天然产量很高。

第三节　养殖水质判断与调控

判断养殖水质的好坏，可以从生物环境和理化环境两个方面进行。生物环境比较多变，受制因素较多，最常见的是水色、肥度等问题。理化环境则比较好掌握，可以通过几个常测指标来判断一个水体的理化环境是否适宜鱼类生长。

一、生物环境的判断

养殖水质的"肥、活、嫩、爽"是对良好水质和水色的视觉概括。

"肥"是水中溶解氧、磷、碳等营养物质和有机质丰富，可作为鱼饵的浮游生物种群多，繁殖量高、数量大。浮游植物以硅藻门、隐藻门、甲藻门等种类为优势种，浮游动物有轮虫、枝角类、桡足类等种类。其具体指标是水色淡绿色到棕绿色，透明度 25～60cm，浮游植物生物量为 20～80mg/L，浮游动物生物量超过 5mg/L。如果水质清瘦，可以通过投放一定量的有机肥料和无机肥料，或有益藻种，促进水体适当营养化，使养殖水体中的浮游生物大量繁殖；如果池水变成老水，则可通过换水、泼洒生石灰水结合施肥来进行调节。

"活"是浮游生物生长较好的水质，水色、水华形状、水的透明度不停变化，浮游生物的优势种 2～3d 就发生变换，是浮游生物处于生命旺盛生长期的表现。由于不同种类浮游生物在光照、温度等外界条件不断变化的影响下，其活动的水层和水区也随之经常变动，因而使池水呈现多变的色彩，即所谓的"早清晚绿""早红晚绿""半塘红半塘绿"等变化，在阳光下呈云彩状。水体透明度早、中、晚可相差 10cm 左右。水源充足、无污染，排灌方便，并且经常注入新水以保证水量和调节水质，是保证水质"活"的关键。

"嫩"是水肥而不老，池水颜色呈绿豆色，浮游生物处于旺盛的生长期，颜色鲜亮，细胞未老化。肥水经过一段时间后，如不调节或调节不当，就会老化，成为老水；老水经过适当的调节，也会转化为肥水、嫩水。造成水质老化的原因较多，比如水体中溶氧量不足、有机物积累过多、氮磷比不当、代谢废物特别是氨积累太多、缺营养元素、水质偏酸或偏碱等。老化水质表现为红水、黑水、蓝绿藻水华、水体腥臭等，这些水质池塘中的鱼类生长缓慢、病害发生多，还易造成鱼类浮头泛塘而死，因此要及时加注或更换新水。换水后，最好先全池泼洒消毒药物，5d 后再施用光合细菌、芽孢菌等，能有效缩短水质转换时间。寡水、澄清水、青苔水是因水体营养物质缺乏而形成的，其解决办法是根据情况施用发酵的有机肥料或生物复合肥（EM复合生物制剂）等。

"爽"是水质清爽，水色不淡也不浓，透明度适中，溶氧量高，水中营养物质丰富。在清爽的水域里，鱼类食物充足，生长速度快，无病害或病害发生少，是鱼类的最适生长环境。透明度是养殖水体的一个重要指标，一般池塘水质透明度为 20~40cm，湖库水质透明度要求在 40~60cm。池塘养殖要求放鱼后至 6 月中下旬，透明度控制在20~30cm，7~8 月透明度控制在 30~40cm，冬季水体透明度可适当加深。调节水体透明度的最直接方法就是施肥或换水。而调节池水中的溶氧量，可采用物理方法（机械增氧）和化学方法（化学物质增氧），通常使用的是利用增氧机机械增氧。在鱼类生长季节，晴天中午开机 40~80min，阴天夜里开机 30~50min，可较好地维持养殖水体中的溶氧量。

二、理化环境的判断

影响水质的主要理化指标有 pH 值、溶解氧、氨氮、亚硝酸盐、硫化氢等指标，应定期检测。有条件的地方最好安装在线监测系统，适时监测这些指标，保证养殖水质安全。

1. pH 值

pH 值是水质的重要指标，鱼类能够安全生活的 pH 值范围是 6~9，pH 值低于 5.5 或高于 10 的水体，都不能用来养鱼。pH 值过低时，光合作用不强，水体中的生物生产力不高，鱼类生长受到明显抑制，因此酸性水体不能养鱼，需进行调节和改良。在水体沉积物中有机物多时，若发生厌氧分解，就可能生成许多有机酸，如水体缓冲容量不够，则 pH 值可降至 5 以下，此时需全池泼洒浓度为 20mg/L 的生石灰水或者使用小苏打泼洒（约 $1m^3$ 水体用 20g）来调节池水的酸碱度。而在施有机肥少的鱼池，当浮游生物量迅速增加时，二氧化碳常补给不足，又会使 pH 值不断升高，在晴天下午甚至可能会超过 10。pH值上升后，大量的铵根离子会转为有毒的氨气，危害养殖鱼类的安全。因此，应采取措施降低 pH 值，最好的办法是换水或注入新水，也可以全池泼洒硫酸亚铁之类的调水药物。

2. 氨氮

氨氮主要来源于水生生物的排泄物、肥料、被微生物分解的饲料、粪便及动植物尸体。氨氮超标通常发生在养殖中后期，这时候由于残饵和粪便的累积，水体开始富营养化，池塘底部的有害物不断沉积，造成氨氮、亚硝酸盐等超标。当水中缺氧时，含氮有机物、硝酸盐、亚硝酸盐在厌氧菌的作用下，也会发生反硝化作用产生氨气。

解决措施：①排出底层水，定期注换新水。②及时排污，以减少池底含大量有机质的污泥量。③合理安排放养密度，选用高质量的饲料，减少残饵。④人工施肥后，短期内会导致水体中的氨氮量增高。所以，对过瘦水体施用氮肥时，一定要注意少量多次，以防氨氮中毒。⑤使用物理方法或化学方法增加水中的溶氧量。⑥使用微生态制剂，如光合细菌、酵母菌等。⑦全池泼洒葡萄糖、氯化钙或食盐，以降低氨氮的毒性。

3. 亚硝酸盐

亚硝酸盐是诱发鱼类暴发性疾病的重要环境因子。长期生活在亚硝酸盐含量高的水体环境中，鱼类容易出现生长速度缓慢、对病原的抵抗力不强等情况。养殖水体中的亚硝酸盐含量应控制在 0.2mg/L 以下。

防止亚硝酸盐过高的措施：①定期换水，加注新水。②保持水体中溶氧量充足，可通过开增氧机等物理增氧方法或采用化学、生物增氧方法来增加水体中的溶氧量。③定期使用水质改良剂，如硝化细菌等微生物制剂，以降解亚硝酸盐。④制订合理的放养密度和投饲计划，减少饲料残渣的剩余量和养殖生物粪便的排泄量。

4. 溶解氧

保持水体中的足够溶解氧是鱼类生存的必要条件，特别是在高密度循环水养殖系统里，溶解氧是最重要的指标。养殖水体的溶解氧应保持在 5~8mg/L，至少不低于 3mg/L。日常管理中对溶解氧的监测非常关键。造成溶解氧不足的原因如下。①高温。水温越高，水中的溶氧量越低，其中高温时水产动物耗氧量增多是一个重要原因。②养殖密度过大。③有机物分解作用。有机物越多，细菌就越活跃，耗氧量也就越多，也容易造成水体缺氧。④无机物的氧化作用。水中的硫化氢和亚硝酸盐等无机物多时，其氧化作用会消耗大量的溶解氧。

解决措施：①合理安排放养密度，避免追求高密度养殖而引起养殖水体长期缺氧。②每年冬春季节及时清理池底淤泥，减少底泥对溶解氧的消耗。③水体溶解氧过饱和时，可采用泼洒粗盐、换水等方式逸散过饱和的氧气。④合理使用增氧机。在晴天的中午开动增氧机，搅动水体，增加水体上下层交流，将水体上层过饱和的氧输送到水体下层。⑤合理投饲，减少残剩饲料等有机物质在水中的耗氧量。⑥适时施肥，合理增加浮游植物的数量，从而提高白天水池中溶解氧的含量。⑦采用水质改良剂，如氧化钙、活性沸石等，间接增加水体溶氧量。或者用黄泥浆水、明矾沉淀有机物和悬浮物，减少这些物质对溶解氧的消耗。⑧当溶解氧过低或过高时，加注新水是一个很有效的调节方法。

5. 硫化氢

硫化氢是一种可溶性的有毒气体，其产生的主要原因：一是池底中的硫酸盐还原菌在厌氧条件下分解硫酸盐；二是厌氧菌分解残饵或粪便中的有机硫化物。硫化氢容易与泥土中的金属离子结合形成金属硫化物，致使池底变黑，这是硫化氢存在的重要标志。水体中硫化氢的浓度应严格控制在 0.1mg/L 以下。

防止硫化氢过高的措施如下。①充分增氧。高浓度的溶解氧能有效消耗硫化氢，促进水体流转混合，打破其分层停滞状态，避免底泥、底层水发展为厌气状态。②控制 pH 值，保持底质和底层水呈中性或微碱性。一般 pH 值应控制在 7.8～8.5。③定期换注新水，降低有机污染物的浓度。④彻底清除池底污泥，进行底改。可施用含铁制剂，提高底层水中铁离子的浓度，促进硫化氢转化。

第四节　渔用饲料与肥料

无论饲养鱼种或食用鱼，要获得一定产量，必须投饲和施肥。饲料和肥料来源广泛，可就地取材和制作。

一、渔用饲料

1. 草类、秸秆

草类、秸秆是草鱼、鳊鱼、团头鲂等草食性鱼类的主要饲料。可以利用现有野杂草，也可以人工种植黑麦草、苏丹草、鹅菜、聚合草、象牙草、紫花苜蓿等高产陆生草类。这些草类收割后可作为青饲料，补充秋末、冬季和早春青草不足，养鱼效果十分明显。另外，树叶、稻草、玉米秸、大豆秸、蚕豆秸、花生蔓、甘薯蔓等粉碎后，也是鱼类好饲料。但它们须青贮或经加酵母发酵后才能喂鱼。

2. 配合饲料

配合饲料又叫混合饲料。就是根据各种鱼类的营养要求编成配方，将各种商品饲料（如米糠、麸皮、油饼、骨粉、鱼粉等）、粗饲料（如杂草、树叶、作物秸秆和藤蔓等）、青饲料（如人工牧草等）、生长素，按照配方的比例混合拌匀而成。在制作时，原料应先晾晒，然后进行粉碎；如果原料需要发酵，应先经过发酵。如草鱼的配合饲料配方之一是：稻草 50%，豆饼 15%，米糠 22.5%，麸皮 5%，鱼粉5%，骨粉 1%，食盐 0.5%，维生素 1%。

3. 颗粒饲料

颗粒饲料就是在粉状配合饲料里有目的地添加些矿物质、食盐、维生素等，用颗粒机压制成圆柱状、球状、块状等形状的颗粒，然后晒干或烘干后喂鱼。可以自己制作或购买。用颗粒饲料（包括配合饲料））喂鱼，有以下几个优点：①扩大了饲料来源；②营养全面，利用率高；③可减少营养在水中损失，节约饲料；④贮存方便；⑤把药物掺入颗粒饲料里喂鱼，便于防治鱼病。

二、渔用肥料

养鱼的肥料分有机肥料和无机肥料两大类。

有机肥料主要是农家肥料，因它来源广、肥效持久、养分较全面，是当前养鱼中用得最广、最多、效果又最好的一类肥料。生产上常用的有畜禽粪尿、人粪尿、绿肥、堆肥、蚕沙等。

无机肥料即化学肥料，分氮肥、磷肥、钾肥等，具有肥效快、污染池水轻、不消耗水中溶氧、用量小、操作方便等优点。其缺点是肥效不持久，单独使用效果不如有机肥料。有机肥料和无机肥料混合使用，可以互相取长补短，养鱼效果更好。

第五节　养殖鱼类的人工繁殖技术

鱼类人工繁殖是指通过现有鱼类资源，利用科学技术来实现鱼类繁殖的过程，目的是增加鱼类的数量，满足人们对优质鱼类的大量需求。它可以为研究鱼类行为、生理、生态等提供实验数据，也可以使供应的鱼类资源得到增加。

繁殖的必要性：由于自然环境破坏，天然鱼类资源大量被砍伐，天然鱼类资源消失，使得鱼类资源短缺，甚至衍生出濒危物种现象，目前人们已经普遍开始采用人工繁殖技术来补充鱼类资源。另外，培育某些特定种类的鱼类，如优质鱼类、特殊用途鱼类，这些都需要人工繁殖技术。

人工繁殖技术包括繁殖备母鱼、捕获和诱导备母鱼产卵、取卵、有性繁殖、无性繁殖、移植卵及苗种、食物加工成片等。在繁殖备母鱼过程中，首先要根据鱼类的遗传学特点选择鱼类，形成鱼类繁殖育种体系；其次，要设置繁殖环境，充分利用水源、营养等资源，建立有利的人工繁殖条件，使繁殖达到最佳效果；最后，需要对鱼类进行备母鱼管理和胚胎发育管理，以获得优质的鱼类资源。

除了上述技术外，人工繁殖还与养殖技术相结合。比如将合适的备母鱼照料、营养、病害防治等技术应用于鱼类养殖，以实现最佳的养殖效果，并及早准备育苗。此外，人工繁殖技术还可以应用于遗传改良，从而减少环境的污染。

总之，鱼类人工繁殖技术是为了增加鱼类资源，满足人们对健康安全的菜鱼需求，保证鱼类繁殖良好、可持续发展而创造出来的一种技术，它能给水产养殖注入新的活力，实现对鱼类资源的可持续和有效利用，从而有效促进生态环境的可持续发展和维护。

下面以四大家鱼为例来介绍人工繁殖技术。

1. 成熟亲鱼的选择

雄亲鱼的选择标准：从头向尾方向轻挤腹部即有精液流出，若精液浓稠，呈乳白色，入水后能很快散开，为性成熟的优质亲鱼；若精液量少，入水后呈线状不散开，则表明尚未完全成熟；若精液呈淡黄色近似膏状，表明性腺已过熟。

雌亲鱼的选择标准：鱼腹部明显膨大，后腹部生殖孔附近饱满、松软且有弹性，生殖孔红润。将鱼腹朝上并托出水面，可见到腹部两侧卵巢轮廓明显。鲢鱼亲鱼能隐约见其肋骨，如此时将尾部抬起，则可见到卵巢轮廓隐约向前滑动；草鱼亲鱼可见到体侧有卵巢下垂的轮廓，腹中线处呈凹陷状。青鱼雌鱼往往腹部膨大不明显，只要略感膨大，有柔软感即可。检查草鱼亲鱼时还需停食 2~3d，以免过食后形成假象。雄鱼略多于雌鱼，以提高催产效果及受精率。

2. 人工催产

催产剂注射可分为 1 次注射、2 次注射，青鱼亲鱼催产甚至还有采用 3 次注射的。亲鱼成熟很好、水温适宜时通常可采用 1 次注射，但一般来讲 2 次注射法的效果比 1 次注射法好，其产卵率、产卵量和受精率都较高，亲鱼发情时间较一致，特别适用于早期催产或亲鱼成熟度不够的情况催产。2 次注射的间隔时间为 6~24h，水温低或亲鱼成熟不够好时，间隔时间长些，反之则应短些。草鱼雌亲鱼可用 LRH-A2 3~5μg/kg+DOM 3~5mg/kg 或者 LRH-A2 3~5μg/kg+HCG 200~500IU/kg；鲢、鳙鱼亲鱼可用 LRH-A2 3~5μg/kg+HCG 500IU/kg 或者 HCG 800~1 000IU/kg+PG 1~2mg/kg；青鱼雌亲鱼可用 LRH-A2 10μg/kg+PG 4~5mg/kg 或者 LRH-A2 3~5μg/kg+PG 4~5mg/kg+HCG 1 000IU/kg。雄亲鱼的注射剂量是上面介绍的各自雌亲鱼用量的一半。采用 2 次注射法时，雌亲鱼第一次注射量为总剂量的 1/5，间隔 6 个小时左右再注射余量。雄亲鱼只注射 1 次。打针后放入催产池进行流水刺激，促其产卵发情。注射鱼胸鳍基部的无鳞凹陷处，注射高度以针头朝鱼体前方与体轴呈 45°~60°角刺入，深度一般为 0.5~1.0cm。效应时间的长短主要由水温决定，水温 20℃ 时效应时间为 11 个小时左右，24℃时为 8 个小时左右，28℃时则为 6h 左右。通常鳙鱼效应时间最长，草鱼效应时间最短，鲢鱼和青鱼效应时间相近。

3. 授精及孵化

自然产卵：一般在发情前 2h 开始冲水，发情约半小时后便可产卵，若产卵顺利，一般可持续 2h 左右。受精卵在水流的冲击下，很快进入集卵箱，当集卵箱中出现大量鱼卵时，应及时捞取鱼卵，经计数后放入孵化工具中孵化，以免鱼卵在集卵箱中沉积导致窒息死亡。产卵结束可捕出亲鱼，放干池水，冲放池底余卵。

人工授精：当亲鱼发情至高潮即将产卵之际，迅速捕起亲鱼采卵采精，并立即进行人工授精。将普通脸盆擦干，然后用毛巾将捕起的亲鱼和鱼夹上的水擦干。将鱼卵挤入盆中，并马上挤入雄鱼的精液，用羽毛搅动，使精卵混匀，加少量清水拌和，静置 2~3min，再慢慢加入半盆清水，继续搅动，使其充分受精，然后倒去浑浊水，再用清水洗 3~4 次，待卵膜吸水膨胀后移入孵化器中孵化。

四大家鱼受精卵的人工孵化主要采用流水孵化法，常见的有孵化环道孵化、孵化桶孵化、孵化缸孵化。水温 17~31℃ 都可孵化成苗，22~28℃ 为最适水温。21~22℃ 时，受精卵 32 个小时可出膜，4~5d 出环下池；24~25℃ 时，24h 出膜，3~4d 出环下池。孵化要求水质清洁，溶氧量在 4mg/L 以上，pH 值以 7~8 为宜。要用 70~80 目筛绢过滤用水，防止剑水蚤进入孵化设备中危害鱼卵及幼苗。同时还要求有一定水流的冲击，因家鱼是产漂浮性鱼卵，鱼卵下沉就会窒息，所以要求每秒水交换量为 0.3~0.4m³，水流的流速一般为每秒 0.3~0.6m。孵化缸和孵化桶的放卵密度为每 100kg 水放卵 20 万粒左右，孵化环道一般每立方米放卵 70 万~80 万粒。放卵以后要加强孵化管理，注意水流使鱼卵均匀分布于水中，随水慢慢翻滚为宜。当鱼卵大部分脱膜以后，此时由于幼苗缺乏游泳能力，应加大水流防止鱼苗下沉窒息而死。当鱼苗能平行游动时应降低水流，防止鱼苗顶游消耗体力。同时加强清洗过滤窗，防止跑卵跑苗。还要注意早脱膜现象和剑水蚤、气泡病、水霉病的发生。当鱼苗达到平游期，鳔已充气、游泳活泼、身体发黑、卵黄快要消耗完毕、已开始吃食时，就可出鱼下池。

第六节　鱼类苗种培育

鱼类苗种培育是指将鱼苗培育成食用鱼种或放流用鱼种的过程。养殖鱼类的苗种培育大致可分为静水培育和流水培育两种方法。

一、培育过程

将鱼苗培育成食用鱼种或放流用鱼种的过程。鱼苗身体纤弱，对环境的应变能力差，食料范围窄，主动摄食能力不强，易于死亡和受敌害侵袭，因此必须在人工控制的较小水体内给予精细的饲养管理，培育成一定规格的健壮鱼种。苗种培育是鱼类养殖过程的重要一环。

二、培育方法

静水培育一般是在池里施肥，以繁殖轮虫等鱼类的天然食料，并辅以人工饲料。这是培育淡水鱼类苗种的传统方法。利用湖汊、库湾等较大的水体培育苗种亦属此类。整个过程分两个阶段：第 1 阶段即鱼苗培育阶段，是将全长 6~9mm 的鱼苗，经 15~30d 的培育，养成全长 3cm 左右的"夏花"鱼种。第 2 阶段即鱼种培育阶段，是将"夏花"分塘饲养，经 3~5 个月培育，养成全长 10~17cm、体重 10~50g 以上的当年鱼种。青鱼、草鱼的当年鱼种再养 1 年成为 2 龄鱼种，即可用专池饲养，也可在养殖食用鱼的池中套养。

1. 静水培育的主要技术环节

①鱼苗池和鱼种池准备。二者的大小分别为 2 亩和 5 亩；水深分别为 1m 左右和 2m 左右。要求池底平坦，无大量淤泥、杂草；靠近水源，注、排水方便，水未被污染，含氧量较高，光线充足。苗种入池前，须在池中施放生石灰或茶粕、漂白粉等，以消灭病虫害和杀死野鱼。生石灰还可使水呈微碱性，增加水中钙离子浓度、交换释放被淤泥吸附的磷酸、铵、钾等离子，提高水的肥度，改良水质，待药性消失后即可放养。②苗种放养。鱼苗放养密度一般为每亩 10 万尾左

右，鱼种密度根据所需的规格而定，一般每亩放养万尾，当年可长至13cm以上；每亩7 000尾，则可达17cm左右。培育鱼苗采用单养。培育鱼种则常采用混养（一般以草鱼或青鱼为主，与鲢、鳙等上层鱼及鲮、鲤、鲂、鳊、鲫等中、下层鱼混养），既可充分利用水体内的饵料生物，又能控制水的肥度。③施肥和投喂食料。鱼苗下塘前先施肥培养轮虫等浮游生物作为饵料，此后向池中施肥（绿肥、粪肥或无机肥料），可根据水的肥度，每日施1~2次或数日施一次，每亩水面每次施数十千克至百余千克有机肥料。除施肥外，适量投喂商品饲料。豆浆兼有肥料和饵料的作用，中国许多地方用以饲养鱼苗。也可用水花生、水浮莲、水葫芦等水生植物打成草浆以代替豆浆。鱼种培育除施适量肥料以繁殖天然饵料外，主要投喂商品饲料。培育草鱼、团头鲂以及鳊等鱼种还应投喂芜萍、幼嫩水草或陆生禾本科植物的嫩叶，每日投喂1~3次。④改善水质。在苗种培育期间，应适时加注新水，以增加水量和水中溶氧量和改善水质，促进饵料生物的繁殖，加速鱼体生长。⑤鱼体"锻炼"。"夏花"和当年鱼种出塘前，必须进行鱼体"锻炼"，即用网将鱼捕入网箱内密集一定时间，每日或隔日进行一次，共2~3次。经"锻炼"的鱼体质结实，能经受得住分塘、运输等操作。鱼在"锻炼"中因受惊扰而大量排出黏液和粪便，还可防止在运输途中水质恶化。

2. 流水培育主要技术环节

流水培育指在水泥池等小水体中高密度培育苗种，只投饵不施肥，是较晚发展起来的培育方式。一般投喂人工培养的活饵料或人工配制的适口且营养价值较完全的饵料。这种方式可节约用地，提高苗种培育密度。常见于虹鳟、鳗鲡以及许多海水养殖鱼类的苗种培育，具体如下。①冷水性鱼类（虹鳟等）培育。要求水质清新，溶氧量较高（每升水6.4mg以上），因此应保持流水状态。初孵鱼苗先在饲食槽或小水泥池内暂养，每平方米万尾，5万尾鱼苗应保持每分钟60L的流水量。当鱼苗开始游动于水面主动摄食时，应及时投喂水蚤、熟蛋黄（调成浆水）、动物肝脏以及生鱼肉（制成糊状），每日6~8次。饲养1~2个月，体重达0.5~1g后移入鱼种池培养。鱼种池面积为数平方米至 20~70m²，水深 60cm；设注、排水闸门，池底有一定坡度，便于排污。每平方米密度由 500~1 000 尾，逐渐减少至 200~300 尾。随鱼体长大加大水流量。每日投喂 4~6 次，经 6 个月左右养成 20g 重的鱼种。②海水养殖鱼类苗种培育。通常也分两个阶段。以日本培养真鲷苗种为例，第 1 阶段在静水或缓流水的水泥池中进行，水池面积 10~200m²，池深 1~1.5m，鱼苗密度每平方米 1 万~5 万尾。第 10d 开始用缓流水，池水交换量由每日更换池水量的 1/3，逐渐增至更换池水量的 2 倍。前半月投喂轮虫，以后辅喂桡足类和鱼肉糜等，经 30~40d 长至 1~1.6cm，即转入后期稀养，密度由每平方米 5 000 尾逐渐减少到 300 尾，又经 30~40d 养成 3~5cm 的鱼种。

用封闭养鱼装置培育苗种，是流水培育苗种中比较先进的方式，不仅可以大大节约用水，还能使许多培育条件得到人为控制，多见于鳗鲡苗种的培育。水泥池面积 10~30m²，水深 1m。水通过生物滤池过滤，保持水质清洁，循环使用水的流量以每小时更换池水 1.5~2 倍为度。用人工增温造成适宜鳗鲡苗生长的恒定水温（25℃左右）。每平方米的放养量，0.2~1g 重的鳗鲡苗为 1.5kg，1~5g 的小鳗鲡种时 3kg，5~20g 的鳗鲡种为 6~9kg。开始数天喂丝蚯蚓、蛤肉等，以后喂配合饵料。

此外，可利用湖汊、库湾和稻田培育苗种。工厂温排水或地热水也可用于培育温水性或热带性鱼类苗种。

第七节　成鱼养殖技术

一、池塘环境

（一）位置和形状

选择水源充足、排灌方便、水质良好、交通便利的地方建设池塘。土质最好为壤土，能保水、保肥，池埂牢固，不易倒塌。池形以长边呈东西向的长方形为好，以增加水面光照时间，有利于浮游植物光合作用，也便于拉网操作。长方形的长宽比为 5:3 或 3:1。池塘四周不应有高大树木和房屋。

（二）面积和水深

成鱼池面积一般为 10 亩左右，水深 2~3m。面积较大，可借助风力增加溶氧，使水质较为稳定；池水较深，增加了蓄水量，有利于提高鱼产量。

（三）池埂牢固无渗透

埂面宽度可根据不同养鱼方式确定，精料养鱼一般池埂宽 4~5m，如果是种植青草养鱼或综合养鱼，则为 10~20m，可利用池埂种植青饲料及经济作物。池底平坦并向排水口一端倾斜，排水管埋入池底部，便于换水。进水口、排水口要设拦鱼栅。

鱼种是养鱼的物质基础，是获得高产的前提条件之一。生产上对鱼种的要求是：数量充足，规格合适，种类齐全，体质健壮，无病无伤。

二、鱼种放养

（一）养鱼周期

养鱼周期是指饲养鱼类从鱼苗养成食用鱼所需要的时间。养鱼周期的长短主要根据市场需要（价格、群众消费习惯）、饲养鱼类在各个阶段的生长快慢、气候条件、放养密度、饵料和肥料的丰歉与质量等决定，即要求在一定时间内能获得量多、质好、价值高的食用鱼。养鱼周期过长，饲料消耗多，管理费用增加，资金和池塘周转率低。养鱼周期过短，鱼的出塘规格小，食用价值低，鱼种消耗大，也是不经济的。

我国的池塘养鱼业大都采用二年或三年的养鱼周期。随着生产的发展和科技进步，采用综合强化措施，促进鱼类生长，以缩短养鱼周期已成为各养殖单位高产、高效、低耗的主要目标。

（二）鱼种规格

一般应根据各地不同的气候条件、养殖方式以及各种鱼的生长性能和消费者的习惯灵活掌握。如在长江流域，草鱼放养 250~750g，鲤鱼、鳊鱼、鲂鱼的规格为 50~250g，青鱼放养 250~1 000g，鲤鱼、鳊鱼、鲂鱼种的规格为尾重 25~50g，鱼一般放养 3~7cm。

（三）鱼种来源

池塘养鱼所需的鱼种应由本单位生产，就地供应，这样，规格、数量和质量均能得到保证，而且也降低了成本。

本单位的鱼种有如下两个来源。

1. 鱼种池培育

主要培育 1 龄鱼种，每亩放养 3cm 夏花（规格 50g 左右）1 万尾左右，亩产 400~500kg。也可以采取稀养速成方式，即每亩放 3cm 夏花（尾重 50g 以上）5 000 尾左右，单产 300~400kg。通常鱼种池占养鱼水面的 15%。

2. 食用鱼池套养

所谓套养就是同一种鱼类不同规格的鱼种同池混养。将同一种类不同规格（大、中、小三档或大、小二档）鱼种按比例混养在成鱼池中，经一段时间的饲养后，将达到食用规格的鱼捕出上市，并在年终补放小规格鱼种（如夏花），随着鱼类生长，各档规格鱼种逐级逐年提升，供翌年食用鱼池放养用。故这种饲养方式又称"接力式"饲养。

（四）鱼种放养时间

提早放养鱼种是争取高产的措施之一。长江流域一般在春节前放养完毕；东北地区和华北地区可在解冻后，水温稳定在 5~6℃ 时放养。在一年水温较低的季节放养，有以下好处：鱼的活动能力弱，容易捕捞；在捕捞和放养操作过程中，不易受伤，可减少饲养期间的发病和死亡率；此外，提早放养可以早开食，延长了生长期。

鱼种放养须在晴天进行。严寒、风雪天气不能放养，以免鱼种在捕捞和运输中被冻伤。

（五）鱼体消毒

鱼种放养前，除了对鱼池进行清塘消毒外，还应对鱼种进行药物浸浴。

1. 药物

漂白粉和硫酸铜（每立方米水用漂白粉 10g 和硫酸铜 8g，将它们分别溶化后再混合），也可以用 90% 晶体敌百虫（10mg/kg），也可以用 3%~4% 的食盐水。

2. 浸泡方法

第一，鱼种倒入盛有药液的容器中浸洗，如果鱼种多，可以把药液泼洒于捆箱中。

第二，浸泡的时间长短要根据鱼种体质和水温高低而定，水温低，浸洗时间长；水温高，时间要相应缩短，一般为 15~30min。

第三，每次在容器中浸洗鱼种的数量不能太多，以免造成缺氧死亡，每 100kg 水可以放 3.3cm 的夏花 2 000~2 500 尾，或 13cm 左右鱼种 250~300 尾。

第四，观察鱼种活动情况，如在浸洗中发现异常（鱼浮头或挣扎），必须迅速转入清水中。

（六）混养密养

1. 合理搭配——混养

我国主要的养殖鱼类，按照它们的栖息习性，可以分为上层鱼（鲢鱼、鳙鱼）、中下层鱼（草鱼、编鱼、鲂鱼）和底层鱼（青鱼、鲤鱼、鲫鱼、罗非鱼等）；从食性看，鲢鱼、鳙鱼吃浮游生物，草鱼、编鱼、鲂鱼主要摄食草类，青鱼、鲤鱼吃螺蚬，鲫鱼吃有机碎屑和小型底栖动物，罗非鱼吃丝状藻类、腐殖质、底栖生物、水生昆虫等。因此，将这些鱼类进行同池混养，不仅可以充分利用池塘的水体空间及饵料资源，而且可以发挥鱼类之间的互利作用，并为实行轮养和翌年准备了大规格鱼种，显著提高了经济效益。

在池塘中进行混养时，各种鱼类之间应合理搭配，并要确定主体鱼。主体鱼就是指以 1~2 种鱼为主养鱼，在放养数量或重量上占较大比例，对提高产量起主要作用。配养鱼可达 7~8 种，主要以池中的天然饵料和主养鱼的残剩饵料为食，但是如果加大投饵量，对增产将产生积极的影响。

混养方式以草鱼或青鱼为主，混养鲢鱼、鳙鱼，搭配少量鲤鱼、无鱼、鳊鱼。以鲢鱼、鳙鱼为主，混养草鱼，搭配少量的鲤鱼、鲫鱼、鳊鱼、鲂鱼。以鲤鱼为主，混养草鱼、鲢鱼、鳙鱼、鲫鱼、鲂鱼。以鳙鱼为主，混养草鱼、鳊鱼。

2. 放养密度的确定

水源良好的池塘，鱼种放养密度可适当增加，反之就应适当减少，较深、较大的池塘放养密度比较浅、较小的池塘高一些。

不同种类的鱼，其规格、生长速度和养成商品鱼的大小有差异，故放养密度也不同。规格较大的鱼（如草鱼、青鱼）要比规格较小（鲫鱼、鳊鱼等）的放养尾数少而放养重量大。另外，混养多种鱼类的鱼池，放养量大于单养或混养种类少的鱼池。

3. 饲料肥料供应量

在饲养中如有充足的饲料和肥料，则放养量可增加，否则就应适当减少。

4. 管理水平及理念养育情况

养鱼经验丰富，管理精细，设备条件好，放养密度可大些。还可以根据历年的放养量、产量和产品规格决定放养密度。如果鱼的生长情况良好，浮头次数不太多，饵料系数不高，说明放养密度较适宜；反之，放养密度就要相应调整。

（七）轮捕轮放

轮捕轮放是指采取不同鱼类、不同规格的鱼种，一次放足，分期捕捞，捕大留小，捕大补小。

1. 轮捕轮放的作用

在鱼类养殖过程中，始终保持较合适的密度，可发挥池塘的生产潜力，提高饲料、肥料的利用率，解决大规格鱼种的供应问题，有利于鱼产品的均衡上市和资金周转，提高经济效益。

2. 轮捕轮放的方法

轮捕轮放的放养对象主要是鲢鱼、鳙鱼，其次是草鱼、鳊鱼。

（1）鱼种。鱼种放养年初投放的大、中、小不同规格的鱼种，均来自上年培养的未达起水规格的老口鱼种和套养的仔口鱼种。补放的鱼种，前期是上年转池的 2 龄鱼种，后期是当年育成的 10cm 以上的鱼种。

（2）鱼种套养。6—7 月，每亩套养夏花鱼 100 尾或鲢鱼 300 尾左右，并可适量套养 13cm 左右的团头鲂 200 尾或草鱼 300 尾。

（3）轮捕轮放的次数。5—10 月，一般轮捕 6~7 次，轮放鱼种 3~4 次。

（4）上市。根据鱼体长大和市场行情变化及时捕捞上市。

3. 轮捕轮放操作注意事项

一是捕捞前一天停止投饵，并将水面草渣污物捞清。

二是在下半夜至黎明前捕捞。如果天气闷热欲下雷阵雨，发现鱼正浮头或预测鱼可能浮头时，不宜下网。

三是当鱼被围集后，先将未达上市规格的鱼迅速放回池中，再将网中已达到食用规格的鱼捕起上市。

四是每口鱼池下网次数不宜过多，一般只捕捞一次，避免惊动全池的鱼，捕捞结束后，马上注入新水或开增氧机，直至日出。

三、施肥与投饵

（一）基肥

施放基肥的数量一般应根据池塘肥瘦、主养鱼类及肥料的种类等灵活掌握。

1. 新鱼池或瘦水塘

每亩施有机肥料 500~1 000kg，可将各种青草施入池底，并铺一层淤泥，蓄水 20cm，待其腐烂后再注水。

2. 老塘或肥水塘

这类塘可少施肥或不施基肥。如果施基肥，通常可将肥料堆放岸边的浅水处，每隔 3~5d 翻动一次，使肥料分解后扩散于水中。

（二）追肥

施追肥应掌握及时、均匀和量少次多的原则。施肥量不宜过多，以防止水质突变。在鱼类主要生长季节，由于大量投饵，鱼类摄食量大，粪便、残饵多，池水有机物含量高，因此水中的有机氮肥高，此时不必施用耗氧高的有机肥料而应施无机磷肥，以保持池水"肥、活、嫩"。

（三）施肥方法

1. 有机肥

粪便在使用前应腐熟发酵，绿肥扎成捆后均匀堆放在池塘一角，隔 2~3d 翻动一次。肥水鱼为主的池塘要求透明度 30cm 左右，可用手臂进行测量。将手伸入水中，手指弯曲成 90° 角，未达肘部不见手掌，水色为油绿色或褐绿色、茶褐色，即为肥水。在水温较高、鱼类吃食旺盛的季节，应量少次多；而在早春或晚秋，要求量大次少，通常是 7~10d 施一次，每次每亩施 100kg 左右为宜。如果水质已老化，应先排出部分老水，并适当投放生石灰调节水质后再追肥，雨天或闷热天气不施肥。

2. 无机肥

要适时施肥，当水温处在 20~30℃ 时施肥为好，一般在 5—9 月，选择温度较高的晴天中午施。氮、磷肥的搭配比例可参照生产经验估算。通常 1kg 尿素配 2kg 过磷酸钙；1kg 氯化铵配 1~1.5kg 过磷酸钙；1kg 碳酸氢铵配 1~1.2kg 过磷酸钙。

水中化肥的肥效消失时间在高温时为 3~5d，正常的天气为 7~10d。因此，每年 7~9 月每隔 3~5d 施一次，6 月和 10 月 5~7d 一次，4 月、5 月、11 月 7~10d 一次，2—3 月则 20d 左右一次。每次每亩施 10kg 左右。

追肥之前，将化肥用水充分溶解后再泼洒，先施磷肥，后施氮肥。无机肥和有机肥在交替使用或同时使用时，必须摸清肥料的特性，以减少损失。磷肥和含氨态氮的化肥均不能和草木灰、石灰等混合。如果池塘使用生石灰，一般 10~15d 后施磷肥。

（四）投饵

1. 投饵量

（1）青饲料。计算全年的投饵量时，应根据鱼种的放养量、规格、增重倍数和饵料系数来确定。月投饵量则主要根据各月的水温、鱼类生长、饵料供应及历年养鱼经验而定。每天投饵量可以大致按照全年计划投饵量和各月的分配，除以全月天数即得出日平均投饵量。

（2）精料。如果完全用精料投喂，可以参照前述的原则和方法，按鱼类体重的1%~5%来计算日投饵量。

2. 投饵方法

投饵要求做到"四定"。

（1）定时。投青料，每天上午8—9时和下午3—4时各投一次。如果用配合饲料，应适当增加每天投饵次数，如4月和11月每日1~2次，5月和10月每日3次，6—9月每日4次。投饵量上午占40%、下午占60%。

（2）定位。草料可投放在浮性草料框内，并用木棒固定。精料投在饵料台上，可在水面下30cm用芦苇搭一个1m² 的饵料台，四角用小木棒或小毛竹固定。

（3）定质。根据各种鱼不同的生长阶段，投喂新鲜、清洁适口的饲料，配合饲料要求营养全面。

（4）定量。做到均匀投喂，切忌忽多忽少。

第八节　鱼类病害防治技术

一、鱼病的预防

1. 做好消毒工作

（1）鱼体消毒。水温15℃以上可用15~20mg/L浓度的高锰酸钾溶液浸泡15~20min；水温15℃以下时，可考虑用聚维酮碘等刺激性小的药物消毒，具体要根据对鱼体的镜检结果和病原体类型来决定采用不同的消毒方法对鱼体进行消毒。

（2）饲料消毒。从野外采集的鲜活饵料一般都带有病原体，用3%的食盐水消毒3~5min。

（3）工具消毒。所有工具用完后放入工具消毒槽中消毒。消毒液用 600mg/L 浓度的漂白粉溶液，使用前用清水将工具冲洗干净。

2. 严格检疫制度

经常对鱼体进行抽样检查，了解和控制病原体的数量，发现鱼病特别是传染性疾病，及时隔离观察和治疗，防止疾病扩散；新进的鱼种要确认鱼体健康后才能与原池鱼类混养。

3. 科学管理

投喂适量，注意饲料的品质。一般建议使用忠园鱼饲料系列，在饲料中添加以乳酸杆菌、枯草芽孢杆菌、酵母菌为主的微生物添加剂，可改善鱼体肠道环境；根据养殖鱼类的生态位，适时使用以枯草芽孢杆菌为主的改底微生态制剂改良底质；水质改良可用 EM 菌、光合细菌、粪肠球菌等为主的微生态制剂；避免操作和运输不慎造成鱼体外伤并感染，如果鱼体有外伤及时治疗；不要在鱼池附近喷洒杀虫剂和其他有毒物质，避免伤及鱼体；放养密度要适当；经常巡池，仔细观察鱼体的表现，以掌握鱼池的变化情况，及时采取措施加以改善。

4. 药物预防

在鱼病季节，可以定期向水中泼洒药物和在饲料中添加药物来预防鱼类疾病的发生。

二、鱼病的诊断

1. 现场调查

鱼生病或发生了死亡，要了解病鱼的体表和体内及鱼池各种异常现象；有无违章操作造成鱼病或死亡；了解发病的快慢、死亡的品种和一次死亡的总数量，死亡发生的时间，病鱼的症状，有无上跳、下蹿急剧狂游，鱼群是浮于水面或是沉于水底，体表的颜色有何变化；检测水质是否正常，是否被污染等进行全面调查。

2. 目检

找出患病部位的各种特征或一些肉眼可见的病原生物，为诊断鱼病提供依据。

（1）体表。将刚死不久或未死的病鱼置于解剖盘上，对鱼体的头部、嘴、眼睛、鳃盖及鳍条等仔细观察，检查皮肤有无充血、发炎、有无溃烂、体表黏液多少，鳍基部是否充血，边缘是否正常，看是否有大型的病原生物或特殊的症状表现。

（2）鳃部。检查重点是鳃丝，首先应注意鳃盖是否张开，然后打开鳃盖，观察鳃片的颜色是否正常，黏液是否较多，鳃丝是否肿大和溃烂。鳃盖内侧是否开天窗，有无肉眼可见寄生虫等。

（3）内脏。将病鱼的体腔剪开，首先观察肠、肝脏、胆囊、生殖腺、脾脏、鳔等的形状和颜色是否正常，有否充血发炎和大型寄生虫寄生等。内脏的检查：中肠是检查的重点，应将病鱼的肠剥离开，看看肠是否充血，有无腹水，体腔内有无大型寄生虫，有无充血发炎和溃烂现象。

3. 镜检

（1）镜检方法。刮取病鱼的鳃部黏液、体表黏液和内部器官做成玻片标本，在显微镜下观察病原体的寄生情况。

（2）查找病原。检查鱼病时若发现有两种以上的病原体出现，就要对各种病原体的感染强度和对鱼的危害程度以及病鱼的表现症状进行对比分析，找出主次以便采取有效的防治措施。

三、几种常见鱼的疾病防治技术

（一）鲢、鳙、鲫、鳊鱼的疾病

1. 暴发性流行病

【病原】目前经初步分类鉴定，认为有四类细菌引起。①嗜水气单胞菌，菌体为短杆状。②温和气单胞菌。③斑点气单胞菌。④鲁克氏耶尔森氏菌等。

【症状】患病早期，从外观观察，病鱼的口腔、颌部、鳃盖、眼眶、鳍及鱼体两侧呈轻度充血症状。剖开腹腔、肠道内尚见少量食物。随着病情的发展，上述体表充血现象加剧，肌肉呈现出血症状，眼眶周围充血，眼球突出，腹部膨大，红肿；剖开腹腔可见，由于内脏器官受到损害，导致腹腔内积有黄色或红色腹水，肝、脾、肾肿大，肠壁充血、充气且无食物。鳃灰白色显示贫血，有时呈紫色且肿胀，严重时鳃丝末端腐烂。根据病原菌的感染时期区分，3—4月病鱼出现的体表两侧，腹鳍下和尾柄等为甚，有的病鱼可见突眼、鳃贫血，内脏器官伴有不同程度的发炎，有时也可见到肠道充气肿胀，5月后的病鱼症状是体表，多以鳃盖下缘、鳍基和内脏充血发炎，有时口腔、肌肉也同时充血发炎。

【流行与危害】暴发性流行病是近年来新出现的流行病。此病流行季节长，从每年的2月底至11月，水温在9~32℃，其中尤以水温为28℃左右发病最为严重。危害的淡水养殖鱼类有鲫、鳊、鲢鱼等，被危害鱼的年龄已从1足龄以上扩展至2月龄的鱼种。

【预防】①彻底清塘。生石灰干法清塘，水深约10cm，每公顷用750~1 125kg，7~8d后，放鱼入池。漂白粉清塘，每立方水体用20g，7d后放鱼入池。②水体消毒。漂白粉消毒。挂篓或池边泼洒法，每月1~2次。二氯异氰尿酸钠消毒。食台挂篓或池边泼洒法，每月1~2次。③鱼体消毒。

【治疗】①消毒药。生石灰，每公顷1m水深的水面用本品225~300kg，全池泼洒，可有效地控制并缓解此病。漂白粉。每立方米水体用1g，全池泼洒。②内服药。选用抗菌药物拌饲料投喂，一个疗程一般6~7d。

2. 白皮病

【病原】此病有两种病原菌。①白皮假单胞菌。②鱼害黏球菌。

【病状】发病初期，尾柄处出现一个白点，并迅速向前蔓延扩大；直至背鳍与臀鳍间的体表至尾鳍基部全部呈现白色。进而尾鳍烂掉或残缺不全，皮肤无充血、发红症状。严重的病鱼头朝下，尾朝上，头部乌黑而死亡。

【流行与危害】此病是夏花鱼种的主要疾病之一。主要发生在鲢、鳙夏花鱼种。发病后2~3d内就会死亡，死亡率较高。每年的6—8月为流行季节。发病的原因，多数是由于池水不清洁，使病菌繁殖；其次是因为施放了未经充分发酵的粪肥；再则是因捕捞、运输和筛鱼放鱼种时，操作不慎，擦伤了鱼体，病菌侵入而引起的。

【预防】①保持池水清洁卫生，供给丰富的天然饲料。②在放养鱼前可用以下药物消毒。食盐，2%~3%，药浴5~10min。

【治疗】①漂白粉，每立方水体用1g，全池泼洒。②五倍子，每立方水体用2~4g（利用浸出液全池泼洒）。

3. 打印病

【病原】为点状气单胞菌点状亚种。菌种短杆状。革兰氏阴性，适宜温度为28℃左右，pH值3~11中均能生长。

【病状】患病的部位，通常在肛门的两侧，极少数在身体前部。亲鱼患病没有固定的部位，全身均会出现病灶。初期症状是皮肤出现红斑，有时似脓胞状，随着病情的发展，鳞片脱落，肌肉腐烂穿孔，直到露出骨骼和内脏为止。

【流行与危害】此病是鲢、鳙鱼的主要病害之一。全国各养殖地区均能发生此病，其中以华中、华东、华北地区比较流行。一年四季均可能发生，但以夏、秋两季最为常见。患此病多为鲢、鳙鱼种、成鱼和亲鱼，感染率颇高，发病严重的鱼池，其感染率达80%以上。

【预防】①用生石灰彻底清塘。在气温较高季节，经常加注新水，并保持池水清洁，可减少此病发生。②在发病季节，以水全终浓度1mg/L的漂白粉全池泼洒，消毒池水，可防止此病发生。

【治疗】①漂白粉。全池泼洒浓度为1mg/L。②生石灰与漂白粉合剂，每立方水体用15g的生石灰与1mg/L漂白粉合剂，全池泼洒。

4. 疯狂病

【病原】鲢碘泡虫。鱼体的各个器官都可寄生，但主要侵入寄主神经系统和感觉器官。

【病状】病原体侵入鱼的脑部和感觉器官内，破坏正常的生理活动，致使鱼在水中上蹿下跳，抽搐似的打圈子，有时沉入水底，有时又仰卧水面，显示出烦躁不安。病鱼的外表黑瘦，头较大，脑廓呈黄色，内部微血管可见充血，肝脏发紫并且腹腔积水。

【流行与危害】此病全国各养殖地区均有发生，但以浙江省杭州地区最为严重，在各种不同养殖区域中均能发生，为当地严重的流行病之一，江苏、湖北也有出现。从鱼种到0.5kg以上的成鱼都可致病，其中以 0.5kg 左右的鲢鱼死亡率最高。

【预防】①每公顷用 1 500~1 875kg 生石灰和 1 500kg 石灰氮彻底清塘，可杀灭池底淤泥中的孢子，从而减少此病的发生。②在冬天放养前采用 20mg/L 浓度的高锰酸钾水溶液浸洗 30min，或用相当于 20mg/L 石灰氮悬浊液浸洗 30min，这一措施能杀灭 60%~70% 的孢子。

【治疗】在 6—9 月，每立方水体可用 0.5g 的晶体敌百虫（纯度为 90% 左右），每间隔 15~30d 喷洒 1 次，可降低处于营养体阶段孢子的感染率。

5. 指环虫病

【病原】病原体是指环虫属中的小鞘指环虫。指环虫虫体颇小，能像蚂蟥运动似地伸缩。

【病状】当鱼体鳃部严重感染此虫时，鳃部显著浮肿，鳃盖张开，鳃丝暗灰色且黏液增多，呼吸困难。幼小的鱼特别是鳙鱼苗，常显示鳃器官浮肿，鳃盖难以闭合症状，不摄食，逐渐瘦弱至死亡。严重感染此虫的病鱼，肉眼就可看到鳃丝上布满灰白色群体，若将这些白色群体用镊子轻轻取下，置入盛有清水的培养皿中，明显可见蠕动的虫体，由此即可确诊。

【流行与危害】此病是鱼苗、鱼种及成鱼养殖阶段常见的一种寄生性鳃瓣病。指环虫的分布很广，全国各地普遍出现这种病，主要在夏、秋两季流行。越冬鱼种池中在初春温度适宜时，容易发生。严重感染时，0.5kg 左右的病鱼鳃部，每片鳃片寄生有 200 个以上的指环虫，破坏鳃丝表面细胞，从而使鱼窒息死亡。

【预防】①生石灰带水清塘。每公顷 1m 水深，用生石灰 900kg，可有效地杀灭指环虫，减少此病发生。②鱼种消毒，夏花鱼种放养前，用 1mg/L 晶体敌百虫溶液，浸洗 20~30min，可有效地预防此病。

【治疗】①晶体敌百虫。以 0.2~0.4mg/L 的水体终浓度向全池泼洒。②晶体敌百虫与碳酸钠合剂（1∶0.6），0.1~0.2mg/L 的水体终浓度向全池泼洒。③高锰酸钾，20mg/L 的浓度浸洗病鱼；水温 10~20℃时，浸洗 15~20min；水温 25℃ 以上时，浸洗 10~15min。

6. 复口吸虫病

【病原】复口吸虫的尾蚴和囊蚴。

【病状】当鱼种急性感染时，在水中挣扎游动，病鱼头部脑区和眼眶周围呈现充血现象；若病鱼失去平衡能力，卧于水面或头部向下尾部朝上，鱼体颤抖，并逐渐弯曲，短期即可出现大批死亡。慢性感染时，病鱼眼球混浊，呈乳白色，严重时眼球脱落成瞎眼。诊断时可将病鱼眼球水晶体刮下的胶质放在盛生理盐水的培养皿中，稍加摇动，凭肉眼可以观察到游离在生理盐水中蠕动着的白色粟米状虫体。

【流行与危害】此病在全国各养殖地区均有发生，尤以长江流域各地较为严重，主要流行季节为春、夏两季。此病能造成鱼苗、鱼种大批死亡。2 龄以上的家鱼和 1 龄以上的金鱼则引起瞎眼、掉眼，影响健康。

【预防】当鱼被复口吸虫感染后，就难以治疗。因此，只有设法截断其生活史的环节，才能有效地预防和控制此病发生。①杀灭椎实螺。椎实螺是复口吸虫的第一中间宿主。放养鱼苗鱼种之前，用生石灰或茶饼彻底清塘，杀死椎实螺。每公顷水深 1m 用 750kg 茶饼或用 100～125mg/L 生石灰清塘。②驱逐鸥鸟。驱逐在鱼池上空盘旋的鸥鸟，可减少此病发生的机会。

7. 多态锚头鳋病

【病原】这是由甲壳动物引起的体表病，常见的为寄生于鲢、鳙、团头鲂和鲫体表、口腔的多态锚头鳋。

【病状】锚头鳋以头、胸部深深地插进寄主的肌肉里或鳞片下，而部分的胸腹部却裸露在鱼体外面，形状似针故又称针虫病。虫体所寄生部位的周围常红肿发炎，并有溢血而出现的红斑。发病初期，病鱼呈现烦躁不安，食欲减退，继而体质逐渐消瘦，游动迟缓，终至死亡。诊断需仔细检查病鱼的体表、口腔等处，明显可见一根根似针状的虫体，即是成虫。

【流行与危害】此病全国各养殖地区均有发生。流行季节随各地气候条件而异，水温在 12～33℃ 时，成虫可产卵繁殖，但最适水温为 20～25℃。武汉地区每年有 2 次发病高峰，第一次为 5 月中旬至 6 月中旬；第二次为 8 月下旬至 10 月。主要为害当年夏花鱼种。在发病高峰季节，当发病水体中含有大量幼虫时，鱼种能在短期内出现暴发性感染，感染率高达 90% 以上，感染强度可高达数十条，因而造成大批死亡。

【预防与治疗】①彻底清塘。②鱼种消毒。在放养鱼种或越冬并塘时，如发现体表寄生有锚头鳋，可根据不同水温及鲢、鳙鱼对高锰酸钾的不同耐受力，用 33~100mg/L 的浓度，浸洗 30~60min，可杀灭锚头鳋成虫。③发病鱼池治疗。由于敌百虫在杀死锚头鳋幼虫的同时，又能杀死鱼的饵料——浮游生物，因此鱼池中发现锚头鳋时，必须根据此虫的寿命决定下药的浓度和次数。

8. 鲢中华鳋病

【病原】鲢中华鳋，雌虫身体呈圆柱形，乳白色，但比大中华鳋短而粗。

【病状】雌虫用钩子钩在鲢、鳙鱼的鳃丝和鳃耙上。患此病后，鱼体消瘦，在水中表层打转或狂游，显示出极度的烦躁不安，病鱼的尾鳍上叶往往露出水面，故名为"翘尾巴病"，最后死亡。诊断时用镊子揭开病鱼的鳃盖，肉眼可见鳃丝末端内侧上乳白色的虫体。

【流行与危害】在长江流域一带，每年从 4—11 月为此病流行季节。这一期间是此虫繁殖时期，尤以 6 月中旬到 7 月下旬最为流行，往往和鳋病一起形成并发症。鲢中华鳋对宿主有严格的专一性。此虫只寄生在鲢、鳙鱼的鳃部，对在同一水域中的其他鱼类并不感染。此虫除了钩破鳃组织，夺取寄主的营养外，还可以分泌一种酵素，刺激鳃组织增生，造成病鱼鳃丝末端肿大、发白，甚至弯曲变形。这种病主要危害 1 龄以上的鲢、鳙鱼，寄生多时造成病鱼死亡。

【预防】①用生石灰带水清塘，能杀灭水中的鲢中华鳋虫卵、幼虫和带虫者。②利用鲢中华鳋对寄主有严格选择性的特性，在发病水域内，次年饲养除鲢、鳙鱼之外的其他种类鱼，可避免此病再次发生。③鱼种放养时，用硫酸铜与硫酸亚铁合剂（5:2），0.7mg/L 的浓度浸洗 20~30min。

【治疗】①硫酸铜与硫酸亚铁合剂（5:2）。以 0.7mg/L 的水体终浓度向全池泼洒。②敌百虫（90%）和硫酸亚铁合剂（5：2），0.25mg/L 的水体终浓度向全池泼洒。③敌百虫（90%），0.5mg/L 水体终浓度向全池泼洒。

（二）草鱼疾病

1. 草鱼出血病

【病原】病原属呼肠孤病毒科中一种水生生物呼肠孤病毒。

【病状】病鱼体内外各器官和组织呈现斑点或块样充血。病情重者全身肌肉呈红色，鳃丝出血或呈苍白色，内脏器官均可出现点样出血，有时有腹水，肠道无食物，充血但不糜烂。

【流行与危害】此病是目前草鱼饲养阶段危害最大的一种传染性疾病，它流行于全国各养殖地区。其中以长江流域和广西、广东、福建等主要养鱼地区流行最为普遍严重。流行季节在 6 月下旬到 9 月底，特别是 7 月中旬到 9 月上旬，水温在 27℃ 上时最为流行，水温 25℃ 下，病情逐渐缓解。2.4cm 左右的夏花草鱼可发病，但严重程度稍有下降。当年草鱼死亡率一般在 30%~50%，最高可达 60%~80%，给渔业生产带来严重的威胁和巨大损失。

【预防】采用腹腔注射草鱼出血病灭活疫苗方法进行预防，其免疫保护力可达 14 个月以上。

【治疗】大黄，内服每 100kg 鱼体重用 0.5~1.0kg 大黄粉，拌入饲料内或制成颗粒饲料投喂，1d1 次，连用 3~5d。

2. 细菌性肠炎病

【病原】初步确定为点状气单胞菌。适宜生长温度为 25℃，60℃以上死亡，pH 值 6~12 范围内均能生长。

【病状】病鱼腹部膨大显红斑，肛门外突红肿，用手轻压腹部，有似脓夹血状物，从肛门处外溢。剖开病鱼腹部，腹腔内充满积液，明显可见肠壁微血管充血，或有破裂，使肠壁呈红褐色。剖开肠道内无食物，含有许多黄色黏液。

【流行与危害】此病是我国养殖鱼类中最严重的病害之一，全国各养殖地区均有发生。流行季节为 4—9 月，其流行季节和程度随气候变化而有差异，1~2 龄的草、青鱼发病的季节是 4—9 月，当年草、青鱼发病季节是 7—9 月。草、青鱼最易得此病，鲤、鳙鱼偶尔也发病，尤其是当年草鱼和 1 龄青鱼最易感染，死亡率平均为 50%，严重病池的死亡率可达 90% 以上。

【预防】①彻底清塘消毒，保持水质清洁。②投喂新鲜饲料，不喂变质饲料，是预防此病的关键。③鱼种放养时，用 8 ~ 10mL 漂白粉，浸洗半小时。④在发病季节内，每隔半个月，用漂白粉或生石灰在食场周围洒消毒。⑤切实做到池塘消毒、鱼种消毒、饵料消毒、工具消毒"四消"，投饵要"定时、定位、定质、定量"，投喂大蒜药饵、韭菜、葱叶等喂鱼，鱼种放养前，用 10mg/kg 漂白粉溶液浸洗鱼种，发病季节，每半月每立方水体用 0.1g 强氯精或氯杀王，全池泼洒 1 次。

【治疗】治疗时需内服药和外用药结合进行。外用药一般用漂白粉全池泼洒，浓度 $1g/m^3$。内服药一般每 50kg 吃食鱼，每天用大蒜 250g，加食盐少许，捣碎成汁，拌精料或鲜嫩的水（旱）草投喂，连喂 4d；每 50kg 吃食鱼，用铁苋菜干草 250g 或鲜草 1kg，每天 1 次，连喂 3d。

3. 细菌性烂鳃病

【病原】鱼害黏球菌。此菌适宜的生长条件，pH 值 6.5 ~ 7.5 生长良好，pH 值 6 以下和 pH 值 8 以上不生长；温度以 25℃ 生长最好，毒力也强，33℃ 生长好，但毒力已减退，40℃ 生长减慢，65℃ 时 5min 内即死亡，4℃ 以下不生长。

【病状】解剖观察病鱼的鳃部，明显可见鳃片上有泥灰色、白色或蜡黄色的斑点；鳃片的表面，成以鳃丝末端黏液很多，并常黏附淤泥和杂物碎片，严重患病鱼的鳃盖骨中央的内表皮，由于被鱼害黏球菌感染后腐蚀成圆形或不规则的透明小窗，故有"开天窗"之称。

【流行与危害】全国各地养殖地区终年有此病出现，每年 4—10 月是该病的流行季节。水温 20℃ 以上开始流行，最宜流行的水温为 28 ~ 35℃，水温在 15℃ 以下时比较少见。此病草、青、鳙、鲤等鱼均可发生，而主要是危害草鱼，成以当年草鱼危害最为严重。

【预防】①由于草食性动物的粪便是黏细菌的滋生源，因此鱼池必须用已发酵的粪肥。②利用黏细菌在 0.7% 食盐水中就不能生存的弱点，可在鱼种过塘分养时，用 2%~2.5% 的食盐水溶液，给鱼种浸洗 10~20min，可较好地预防此病。

【治疗】①大黄氨水浸液，以 2.5~3.7mg/L 的水体终浓度向全池泼洒。②红霉素，以 0.05~0.07mg/L 的水体终浓度向全池泼洒。

4. 小瓜虫病

【病原】多子小瓜虫。

【病状】当虫体大量寄生时，肉眼可见病鱼的体表、鳍条和鳃上，布满白色点状胞囊。严重感染时，由于虫体侵入鱼的皮肤和鳃的表皮组织，引起宿主的病灶部位组织增生，并分泌大量的黏液，形成一层白色薄膜覆盖于病灶表面，同时鳍条病灶部位遭受破坏出现腐烂。

【流行与危害】国内各养鱼地区，尤其是华中地区和华南地区，都有此病发生. 此病是一种流行广、危害大的鱼病。在密养情况下，此病更为猖獗。此虫对所有的饲养鱼类，从鱼苗到成鱼都可寄生，但以对当年鱼种危害最为严重。适宜小瓜虫长生长繁殖的水温为 15~25℃。当水温低至 10℃ 以下和高至 28℃ 以上时，发育迟缓或停止，甚至死亡。因此，此病流行的季节为 3—5 月和 8—10 月。

【预防】①用生石灰彻底清塘，杀死虫体胞囊。②掌握合理的放养密度，可减少此病发生。

【治疗】①亚甲蓝，以 3mg/L 的水体终浓度向全池泼洒，每隔 3~4 日泼洒 1 次，连用 3 次。②福尔马林，全池泼洒，浓度为 15~30mg/L。

5. 大中华鳋病

【病原】寄生在草鱼鳃上的称为大中华鳋。

【病状】病鱼烦躁不安，大量寄生时，鳃丝末端肿大、发白，肉眼可见鳃瓣边缘挂满白色像蛆似的虫体，故又称"鳃蛆病"。由于此虫的寄生，损伤了鳃片，致使鳃丝发炎，引起细菌感染，因此常出现细菌性烂鳃病的并发症。剪开病鱼鳃盖，明显可见鳃丝末端内侧有乳白色虫体。

【流行与危害】此病全国各地均有发生，在长江流域，每年 4—

11 月为流行季节，尤以 5 月下旬至 9 月上旬为甚。主要危害当年草鱼以及 1 龄以上的草鱼。寄生多时常引起大量死亡，其中尤以当年草鱼危害最为严重。

【预防】①生石灰彻底清塘，可杀灭水中虫卵、幼虫和带虫者。②次氯酸钙清塘。每公顷 34cm 水深的水面，用 500kg。

【治疗】①硫酸铜与硫酸亚铁合剂（5：2），全池泼洒浓度为 0.7mg/L。②晶体敌百虫，全池泼洒浓度为 0.5mL。

（三）泥鳅病害防治

泥鳅的病害比较多，分成敌害和疾病两大类。其中，敌害主要是指危害性生物、农药和公害物等，此外是各种疾病。

1. 防敌害

（1）防止危害性生物入侵。泥鳅苗、种期的敌害生物主要有蝌蚪与蛙类、水生昆虫和幼虫、鸟类及其肉食性鱼类（如鲶鱼、鳜鱼和乌鳢）等。为了防备这类生物的危害，养殖环境必须设置防护设备，以防蛙类侵入，如果发现蛙类应及时捕捉，捞出蛙卵；养鳅环境必须清除肉食性鱼类，并设防进水时混入。

（2）防止农药和公害物的流入。凡是农田（喷洒农药后）排放水，污染的工业用水等公害物，一律严禁流入养鳅水体。养鳅的稻田也仅允许使用高效低毒的农药。

2. 疾病防治

（1）水霉病。

【病状】病鳅体表附着白色毛状水霉。此病多发生于水温较低时期，当鱼体受伤时极易感染。

【防治办法】①捕捉、运输泥鳅时，尽量避免机械损伤；②用 4% 的食盐水浸洗病鳅 3~5min。

（2）赤鳍病。

【病状】由短杆菌感染所致。病鳅鳍、腹部、皮肤及肛门周围充血、溃烂，尾鳍、胸鳍发白腐烂。

防治方法：用 $1g/m^3$ 漂白粉全池泼洒；或 $0.5g/m^3$ 杀灭海因全池泼洒。

（3）打印病。

【病状】由病原菌所致。病鳅病灶浮肿、红色，呈椭圆形、圆形。患处主要在尾柄两侧，似打上印章。

【防治方法】用 $0.5g/m^3$ 杀灭海因全池泼洒可达到治疗目的。

（4）寄生虫病。

【病状】主要由车轮虫、舌杯虫和三代虫等寄生所致。病鳅体瘦弱，常浮于水面，不安，或在水面打转，体表黏液增多。

【防治办法】①用 $0.7g/m^3$ 硫酸铜和硫酸亚铁（5∶2）合剂全池泼洒，可防治车轮虫和舌杯虫病；②用 $0.5g/m^3$ 晶体敌百虫全池泼洒，可防治三代虫病。

（5）气泡病。

【病状】病鳅浮于水面。因水中氧气或其他气体含量过多而引起，主要危害鱼苗。

【防治办法】①立即冲入清水或黄泥浆水；②及时清除池中腐败物，不施用未发酵的肥料。

四、鱼病常用药物与使用方法

科学使用水产药物，随着水产养殖业的不断发展，鱼药品种从初期仅有几个，发展到现在已有了数百种新药。但在有些养鱼地区，对药物的使用仍存在认识不足和盲目用药的现象。对此根据我们的体会，谈谈鱼药使用的基本注意事项。

1. 注意用药的及时性和准确性

首先要对池塘的生态条件、水质情况、鱼体状况和药物的作用，有充分的了解，然后进行综合分析，得出正确的治疗方案和用药方法，避免乱用鱼药，注意用药的管理，切不能身边有什么药，就用什么药，图省事方便。这种随便用药不仅造成浪费，往往还会造成不良后果，影响正常的饲养工作。

对于已发病的池塘，查出病情，弄清原因后应及时用药，切莫拖延时间。因为鱼的一切活动在水中，不易被人们察觉到，得病后同样如此。病鱼一旦被发现，往往它的食欲已下降，在治疗上已有一定的困难，如不马上积极治疗，控制病情，病鱼很可能会病情加重或死亡。病原随机也加快传播，严重时很可能蔓延全池，产生严重后果。只有在早期病鱼虽食欲下降，但还有一定吃食能力，此时及时投药饵，并注意药饵的适口性，病鱼还是能摄入部分药饵。这样药物就会发挥一定治疗作用，再加上外用药物对池塘的消毒作用，疾病还是能被控制的。

2. 注意用药的合理性和有效性

在商品鱼饲养池中，应避免使用富集性很强的药物，如硝酸亚汞、福尔马林等，这些药物的富集作用，直接影响人们的食欲，并对人体也会有某种程度的危害，所以这些富集作用很强的药物，一般只用在鱼种饲养阶段，或观赏鱼饲养上。

在对待一些较难治疗的寄生虫类疾病时，应先了解该虫的生活周期性，利用它在生活史过程中对药物敏感时期，进行有效的合理用药，杀灭它们。如体内寄生的吸虫和绦虫类，在成虫时期，药物很难起作用，而利用它们生活史过程中更换寄生或活动于水中的幼体对药物敏感时期，用药来消灭和清除它们。而对于那些能形成孢囊，具有极强抗药能力的寄生虫类，在治疗过程中必须长期合理地用药，才能有效。如小瓜虫和黏孢子虫类，在治疗上只进行 1~2 次用药往往无济于事，而要针对它们生活周期中离开寄生、活动在自然水体对药物敏感时期，进行合理用药，才能有效地杀灭它们。在治疗锚头鳋病时，同样也需要针对它寄生后对药物不敏感，但有分批繁殖这一特性，进行长期多次用药，来彻底杀灭它们。在每次具体用药时间上可根据它们幼体喜在清晨浮于表层活动这一特征，清晨用药效果更佳。

3. 在综合治疗时注意药物的拮抗性和协助性

水产用药，在方法上有它特殊的一面。绝大多数的外用药，多少都会受到水质影响。在多种药物综合治疗时，互相之间影响尤为明显。如常用的生石灰，它不仅与硫酸铜、漂白粉和富氯有拮抗作用，而且也受水中磷或铵氮的影响，同样磷或铵氮也受生石灰作用而影响肥效，因此在生产使用时应前后错开 5~7d 时间。而生石灰与敌百虫相遇时，则会起到药物的协助性，能使部分敌百虫变成毒性更强的敌敌畏，这也是生产上常用的，敌百虫与面碱合剂使用的方法。

还有常用的硫酸铜与硫酸亚铁合剂，也是利用药物间的协助性，来更好地发挥药效，但硫酸铜在碱性水质或与食盐相遇，就会产生药物之间的拮抗性，而影响药效。因此在多种药物综合防治疾病时，一定要注意它们之间拮抗性和协助性，根据具体情况，来确定药物的使用方法和增减它们的剂量。

注意用药的可靠性和安全性。目前水产药物的生产管理还不完善，对所生产的水产药物在检测可靠性手段方面也不先进，然而水产新药品种递增速度却很惊人。对诸多的新药，用户使用前，如条件允许，先做一下药物试验是很有必要的。通过试验，就可防止劣质药物直接用于生产所造成的危害。即使对那些原来常用的鱼药，如硝酸亚汞、醋酸亚汞等，使用时也不要忽视水温、水质等的影响，稍不注意或使用不当，也会造成鱼类中毒或死亡。对那些剂量要求很严格的药物，如漂白粉，在生产使用时，只要误差百万分之一的浓度，就可引起死鱼现象，应引起足够的重视。

第六章　家畜繁殖技术员

第一节　家畜繁殖员岗位职责和基本要求

家畜繁殖员是畜牧业中的一种专业技术人员，主要从事家畜繁殖、配种、孕产等方面的管理和技术工作。主要工作内容包括饲养环境的调控、疾病防治、繁殖管理等方面。他们需要具备扎实的专业知识和丰富的实践经验，以确保家畜健康生长，提高畜产品质量和养殖效益。

一、家畜繁殖员的岗位职责

（1）负责猪场和牛、羊场畜群的发情鉴定以及人工授精、妊娠检查、产后护理等工作。

（2）负责猪场和牛、羊场母畜的接产以及繁殖疾病的检查、诊断和治疗工作。

（3）协助养殖场有关部门选购遗传价值高、近亲系数≤3.125、活力在0.35以上的优良种公畜精液。

（4）定期检查液氮容器中的液氮情况并及时上报，及时补充液氮。

（5）努力保持最高的发情观察率和受胎率，对屡配不孕、患严重繁殖系统疾病的母畜及时进行会诊，并作出正确有效的治疗。

（6）详细记录繁殖母畜的发情、输精及繁殖疾病的检查、诊断和治疗等情况，建好档案，完成各项繁殖工作记录。

（7）协助兽医、饲养员等做好畜群治疗、消毒防疫等工作以及物品和器械使用前后的彻底清洁、消毒，做到无污染操作。

（8）严格遵守养殖场各项规章制度，按时上下班，服从上级工作安排。按操作规程完成生产定额和劳动定额。

二、家畜繁殖员基本要求

（1）熟悉相关的国家畜牧法规。

（2）了解猪、牛和羊的生殖器官解剖结构及其功能。

（3）熟练掌握并运用家畜的繁殖知识。

（4）了解猪、牛和羊的发情特征，掌握发情鉴定技术和发情控制技术。

（5）熟练掌握人工授精技术。

（6）熟练掌握妊娠诊断技术、接产技术、仔畜和母畜产后护理技术要点。

（7）了解猪、牛和羊的常见繁殖疾病病因，掌握防治技术。

（8）能够推广普及先进繁殖技术，改进工艺，提高生产力和经济效益。

第二节 家畜的人工授精技术

人工授精技术的基本技术程序包括精液的采集、精液品质的检查、精液的稀释、分装、保存、运输、冻精的解冻与检查、输精等环节。

一、采精

采精是人工授精的首要技术环节。认真做好采精前的各项准备工作，正确掌握采精技术，合理安排采精频率，是保证采得量多质优精液的重要条件。

（一）采精前的准备

1. 采精场地要求

采精应在良好和固定的环境中进行，以便公畜建立起巩固的条件反射，同时也是防止精液污染的基本条件。采精场应宽敞、平坦、安静、清洁，场内设有采精架以保定台畜，供公畜爬跨进行采精。

理想的采精场所应同时设有室外和室内采精场地，并与精液处理操作室和公畜舍相连。室内采精场的面积一般为 10m×10m，并附有喷洒消毒和紫外线照射杀菌设备。

2. 台畜的准备与种公畜的调教

台畜，是供公畜爬跨射精时进行精液采集用的采精台架，可分为活台畜和假台畜两类。采精时，选择健康、体壮、大小适中、性情温顺的发情母畜，或经过训练的公、母畜作台畜，有利于刺激种公畜的性反射，效果较好。假台畜是指用钢筋、木料等材料模仿家畜的外形制成的固定支架，其大小与真畜相似。

对于初次使用假台畜进行采精的种公畜必须进行调教：涂抹发情母畜阴道分泌物，让公畜爬跨发情母畜，不让其交配而将其拉下，然后诱其爬跨假台畜采精，让待调教的公畜目睹公畜利用假台畜采精的过程。在调教过程中，要反复进行训练，耐心诱导，切勿强迫、抽打、恐吓或其他不良刺激，以防止性抑制而给调教造成困难。

3. 采精器械与人员的准备

（1）器械的清洗与消毒。采精用的所有人工授精器械，均要求进行严格的消毒，以保证所用器械清洁无菌。这对于减少采精引起的公畜生殖道疾病至关重要。传统的洗涤剂是 2%~3% 的碳酸氢钠或 1%~1.5% 的碳酸钠溶液。各类器械用洗涤剂洗刷后，务必立即用清水洗净，然后经严格的消毒后才能使用。采精时所用的一些溶液如润滑剂和生理盐水等；药棉、纱布、毛巾等常用物品的消毒均可采用隔水煮沸消毒 20~30min，或用高压蒸汽消毒。在进行溶液的消毒时应避免玻璃瓶爆裂。

（2）采精人员的准备。采精人员应具有熟练的采精技术，并熟知每一头公畜的采精条件和特点，采精时动作敏捷，操作时要注意人畜安全。采精之前，采精人员应身着紧身利落的工作服，避免与公畜及周围物体钩挂，影响操作。同时还应将指甲剪短磨光，手臂要清洗消毒。

（二）采精方法

公畜的采精方法有多种，曾经使用过的有：阴道收集法、海绵法、集精袋法、外科瘘管法、按摩法、电刺激法、假阴道法、手握法、筒握法等。经实践证明，假阴道法是较理想的采精方法，适用于各种家畜；而筒握法，特别是手握法是当前采集公猪精液较普遍使用的方法。按摩法主要用于禽类的采精，也适用于牛和犬。电刺激法在一般情况下只应用于驯养和野生动物的采精。其他的一些采精方法因其存在一定的缺点而在生产上已不采用。

二、精液品质检查

精液品质检查的目的是鉴定精液品质的优劣，以便决定配种负担能力，同时也反映出公畜饲养管理水平和生殖机能状态、技术操作水平，并依此作为检验精液稀释、保存和运输效果的依据。现行评定精液品质的方法有外观检查法、显微镜检查法、生物化学检查法和精子生活力检查法4种。无论哪一种检查方法，都必须以受精力的高低为依据。精液品质评定的原则是检查评定结果必须真实反映精液本来的品质。

三、精液的稀释

精液的稀释是指在精液中加入适宜于精子存活并能保持其受精能力的稀释液。精液稀释的目的是扩大精液的容量，提高一次射精量的可配母畜头数；并通过降低精液的能量消耗，补充适量营养和保护物质，抑制精液中有害微生物的活动以延长精子寿命；同时便于精液的保存和运输。因此，精液的稀释处理是充分体现和发挥人工授精优越性的重要技术环节。

（一）精液的稀释方法

精液稀释应在采精后尽快进行（30min 内），并尽量减少与空气和其他器皿的接触。新采取的精液应迅速放入30℃保温瓶中，然后在30℃的水浴锅内将精液和稀释液调至同温，在同温条件下进行稀释。

稀释时，将稀释液沿杯（瓶）壁缓缓加入精液中，切忌将精液迅速倒入稀释液内；然后轻轻摇动或用灭菌玻棒搅拌使之混合均匀，切忌剧烈震荡。如做高倍稀释，应分次进行，先做3~5倍稀释，然后再做高倍，防止精子所处的环境突然改变，造成稀释打击。精液稀释后，应立即进行镜检，如果活率下降，说明稀释或操作不当。

（二）精液的稀释倍数

精液进行适当稀释可以提高精子的存活，但是稀释超过一定的限度，精子的存活力则会随着稀释倍数的提高而逐渐下降，以致影响受精效果。实践证明，公牛精液保证每毫升稀释精液中含有 500 万有效精子数时对受胎率无大的影响；一般多习惯稀释 10~40 倍。公猪精液一般稀释 2~4 倍或按每毫升稀释精液含有效精子 0.5 亿为原则进行稀释（公牛稀释 40 倍，500 万/mL；公猪稀释 4 倍，5 000 万/mL）。

四、精液的保存

精液保存的目的是延长精子的存活时间并维持其受精能力，便于长途运输，扩大利用范围，增加受配母畜头数，提高优良种公畜的配种效能。

现行的精液保存方法可分为常温（15~25℃）保存、低温（0~5℃）保存和冷冻（-196~-79℃）保存 3 种。前两者的保存温度都在 0℃以上，以液态形式做短期保存，故又称为液态保存；后者保存温度在 0℃以下，以冻结形式做长期保存，故也称为固态保存。无论哪种保存形式，都是以抑制精子代谢活动、降低能量消耗、延长精子存活时间而不丧失受精能力为目的。

五、输精

输精是人工授精的最后一个技术环节。适时地把一定数量的优质精液准确地输送到发情母畜生殖道内的适当部位，并在操作过程中防止污染，是保证人工授精具有较高受胎率的重要环节。

1. 输精的基本要求

（1）输精时间。母牛的输精一般应在开始接受爬跨后 18~20h 进行，母绵羊应在发情后半天输精，母山羊最好在发情后 12h 输精，第二天仍发情者，再输精一次。母猪应在发情后 18~30h 输精，即发情的当天傍晚或次日早晨，间隔 12~18h 再输精一次。初配母猪的输精时间应适当后延，可在发情的第二天输精。

（2）输精量及有效精子数。一般马、猪的输精量大，牛、羊的输精量小；体型大、经产、子宫松弛的母畜输精量相对较大，体型小以及初配母畜输精量较小；液态保存的精液输精量比冷冻精液多一些。

（3）输精部位。牛的最适输精部位是子宫颈深部或子宫体；猪、马、驴以子宫内输精为好；羊、兔只需在子宫颈内浅部输精即可达到受胎目的，绵羊冻精应尽量进行深部输精。

2. 不同家畜的输精方法

（1）母牛的输精方法。母牛的输精方法已普遍采用直肠把握法。一只手伸入直肠握着子宫颈外口，另一只手持输精管插入阴道，先斜向上再向前行，当输精管行至宫颈外口时，两只手协同操作，将输精管通过子宫颈，最后把精液注入子宫颈内口处或子宫体中。此法用具简单，操作安全，受胎率高，是目前广泛应用的一种方法。

（2）母猪的输精。母猪的阴道与子宫颈接合处无明显界限，因此，一般都采用输精管插入法。猪的输精器种类很多，一般包括一个输精管（橡皮胶管或塑料管）和一个注入器（注射器或塑料瓶）。输精时让母猪自由站立在栏圈内，将精液吸入注射器内，在输精管外部涂抹少量的灭菌润滑剂。左手保定注射器，右手持输精管先沿阴道上壁插入，避开尿道口后即以水平方向，边左右旋转边向前推进，经抽送 2~3 次后，直至不能继续再前进为止，此时即已插入子宫，然后向外拉出一点，接上注射器，缓缓注入精液。注完后按压母猪背腰部，以免拱背精液倒流。

（3）母羊的输精。一般采用开膣器输精法，发情母羊多时，可利用凹坑装置，此法需要三人操作，其中一人将母羊抓到输精架内，另一人用开膣器打开阴道，用输精器伸入子宫颈外口 1~2cm 做输精操作，第三人处理精液及挑选母羊等，每小时可输精 100 只以上。

第三节　母畜的分娩与助产技术

一、分娩预兆与分娩过程

（一）分娩预兆

随着胎儿的发育成熟和分娩期的接近，母畜的生殖器官与骨盆都要发生一系列生理变化，以适应排出胎儿和哺乳幼仔的需要。母畜的行为及全身状况也发生相应的变化，通常把这些变化称为分娩预兆。我们可根据这些变化预测母畜分娩的时间，以便做好产前准备，以确保母仔安全。

1. 乳房的变化

乳房在分娩前迅速发育，膨胀增大，腺体充实，有时还出现浮肿。临近分娩时，可从乳头中挤出少量清亮胶状液体或挤出少量初乳，有的出现漏乳现象。

2. 外阴部的变化

在分娩前数天到 1 周左右，阴唇逐渐变松软、肿胀并体积增大，阴唇皮肤上的皱褶展平，并充血稍变红，从阴道流出的黏液由浓稠变稀薄，尤以牛和羊最为明显。猪阴唇肿大开始于产前 3~5d。只有母马和奶山羊的阴唇变化较晚，在分娩前数小时至 10 多个小时才出现显著变化。

3. 骨盆的变化

骨盆韧带在临产前数天开始变为松软。牛的荐坐韧带后缘原为软骨样，触诊感硬，外形清楚，到妊娠末期，由于骨盆血管内血量增多，静脉瘀血，促使毛细血管壁扩张，血液的液体部分渗出管壁，浸润周围组织，骨盆韧带从分娩前 1~2 周开始软化，到分娩前的 12~36h，荐坐韧带后缘变为非常松软，外形几乎消失，尾根两侧下陷，只能摸到一堆松弛组织，通称为"塌窝"，但初产牛这些变化不甚明显。奶山羊的荐坐韧带软化也比较明显，当荐骨两旁的组织各出现一纵沟，荐坐韧带后缘完全松软时，分娩一般不超过1d，猪、马和驴虽然荐坐韧带也出现柔软现象，但因这部分软组织原来比较丰满，因此变化不如牛明显。在荐坐韧带软化的同时，荐髂韧带同样也变得柔软，使荐骨后端的活动性增大，当手握羊和驴的尾根时可上下活动，而牛和马因臀部肌肉肥厚，手握尾根时活动性不是很明显。

4. 行为的变化

母畜在分娩前都有较明显的精神状态变化，均出现食欲不振、精神抑郁和来回走动不安、离群寻找安静地方等现象。猪在临产前6~12h出现衔草做窝现象。马、驴在临产前数小时在肘后和腹侧出汗，表现不安、频繁举尾、蹄踢下腹部和时常起卧及回顾腹部等情况。

（二）分娩过程

母畜的整个分娩过程是从子宫肌和腹肌出现阵缩开始的，至胎儿和附属物排出为止。一般划分为子宫颈开口期、胎儿产出期和胎衣排出期。但开口期与产出期间没有明显界限。

1. 子宫颈开口期

子宫颈开口期又称准备期，指从子宫肌开始阵缩为起点，到子宫颈口完全开张，与阴道之间的界限消失为止。这一时期仅有阵缩而无努责。开始时收缩频率低，间隔时间长，持续收缩的时间和强度低。随后收缩频度加快，收缩的强度和持续时间增加，到最后以每隔几分钟即收缩一次。初产母畜表现不安、起卧频繁、食欲减退等；经产者表现不甚明显，稍有不安，轻度腹痛，尾根举起，常作排尿状态，并停止采食或者是很少进食。

2. 胎儿产出期

胎儿产出期是指由子宫颈口充分开张至胎儿全部排出为止持续的时间。在这一时期，母体的阵缩和努责共同发生作用，其中努责是排出胎儿的主要力量。

在这时期，母体的行为变化是表现为极度不安、起卧频繁、前蹄刨地、后肢踢腹、回顾腹部、弓背努责、嗳气等。当胎儿前置部分以侧卧胎势通过骨盆及其出口时，母体四肢伸直，努责的强度和频率都达到极点。努责数次后，休息片刻，又继续努责。在产出期中期，胎儿最宽部分的排出需要较长时间，特别是头部。当胎儿通过骨盆腔时，母体努责表现最为强烈。正生胎向时，当胎头露出阴门外之后，母畜稍微休息，继而将胎儿胸部排出，然后努责缓和，其余部分随之迅速被排出，仅把胎衣留于子宫内。此时，不再努责，休息片刻后，母体就能站起来照顾新生幼仔。

牛的产出期为 6h，也有长达 12h 的，马、驴产出期为 12h，有的长达 24h，猪为 3~4h，绵羊为 4~5h，山羊为 6~7h。

3. 胎衣排出期

胎衣是胎膜的总称，包括部分断离的脐带。胎儿被排出之后，母体就开始安静下来，几分钟之后，子宫再次出现轻微的阵缩与努责。胎衣的排出，主要是由于子宫的强烈收缩，从胎儿胎盘和母体胎盘中排出大量血液，减轻了绒毛和子宫黏液腺窝的张力。胎衣排出得快慢，因各种动物的胎盘组织构造不同而有差别。

二、正常分娩的助产

原则上对正常分娩的母畜无须助产。助产人员的主要职责是监视母畜的分娩情况，发现问题及时给予必要的辅助和对仔畜的护理。助产时重点注意以下几个问题。

1. 产前卫生

母畜临产时先用温开水清洗外阴部、肛门、尾根及后躯，然后用 70% 的酒精、1% 的来苏尔溶液或 0.1% 的高锰酸钾溶液消毒。

2. 撕破羊膜

当头露出阴门之外而羊膜尚未破裂时，应立即撕破羊膜，使胎儿鼻端露出，防止窒息。

3. 托住胎儿

若遇母畜站立分娩，应双手托住胎儿，以防落地摔伤。

4. 断脐

处理脐带的目的并不在于防止出血，而是希望断端尽早干燥，避免因细菌侵入而造成感染。为了使胎盘上更多的血液流入幼畜体内，可在脐带上涂上碘酊后，用手把脐带血向幼畜腹部捋，至脐血管显得空虚时再从距脐孔之下 12~15cm 脐带狭窄处剪断。断脐后除持续出血不止，一般不进行结扎。

5. 擦干仔畜身上的黏液

对幼驹或仔猪出生后可立即将其身上的胎水或黏液擦干。

6. 帮助幼畜站立和哺乳

新生仔畜产出不久即试图站立，但最初一般站不起来，应予以帮助，并进行人工哺乳。

三、难产的助产

1. 难产的类型

难产包括产力性难产、产道性难产、胎儿性难产 3 种。

2. 难产的救助原则

（1）了解病情，摸清产道及胎儿的状态，采取有针对性的助产手术，以确保母子双全，同时要特别注意保护母畜的繁殖力。

（2）为便于矫正和拉出胎儿，特别是胎水已流尽时，应向产道内灌注大量滑润剂（石蜡油或植物油），或者灌入加热到 35~40℃ 的消毒肥皂水。

（3）助产时应根据情况改变母畜的姿势，避免因矫正或截除部分肢体使母畜过度努责而影响操作。

（4）应尽量避免剖腹产手术，因对以后的妊娠有一定影响，必须进行时应从左侧（牛羊）切开腹壁才不致肠管外漏，省时省力。

（5）矫正胎位时，应力求在母畜阵缩间歇期将胎儿推回子宫，以利于矫正胎势。

3. 难产的预防

（1）应避免母畜过早配种产仔。

（2）要注意妊娠期间母畜的合理饲养。

（3）对妊娠母畜安排适当的运动。

（4）临产时对分娩是否正常及早做出诊断。

第四节　常见繁殖疾病的治疗

一、流产

流产就是妊娠中断。其危害极大，不仅使胎儿夭折或发育不良，而且常损害母体健康，甚至导致不育，严重时还会危及母畜生命。本病以牛为多见。

（一）症状

1. 胎儿消失（隐性流产）

妊娠初期，胚胎的大部或全部被母体吸收。常无临床症状，只在妊娠后（牛经40~60d、马经2~3个月、羊经1~2个月）性周期恢复而发情。

2. 排未足月胎儿（小产，半产）

排出未经变化的死胎，胎儿及胎膜很小，常在无分娩征兆的情况下排出，多不被发现。

3. 早产排不足月的活胎

有类似正常分娩的征兆和过程，但不很明显。常在排出胎儿前2~3d，乳腺及阴唇突然稍肿胀。

4. 胎儿干尸化

由于黄体存在，故子宫收缩微弱，子宫颈闭锁，因而死胎未被排出。胎儿及胎膜的水分被吸收后体积缩小变硬，胎膜变薄而紧包于胎儿，呈现棕黑色，犹如干尸。母畜表现发情停止，但随妊娠时间延长腹部并不继续增大。尸化胎儿有时伴随发情被排出。在猪有时可见正常胎儿与干尸化胎儿交替地排出。

5. 胎儿浸溶

由于子宫颈开张，非腐败性微生物侵入，使胎儿软组织液化分解后被排出，但因子宫颈开张有限，骨骼存留于子宫内。患畜表现精神沉郁，体温升高，食欲减退，腹泻，消瘦；随努责见有红褐色或黄棕色的腐臭黏液及脓液排出，且常带有小短骨片；黏液沾污尾及后躯，干后结成黑痂，阴道及子宫发炎，在子宫内能摸到残存的胎儿骨片。

6. 胎儿腐败分解

由于子宫颈开张，腐败菌（厌氧菌）侵入，使胎儿内部软组织腐败分解，产生的硫化氢、氨气、丁酸及二氧化碳等气体积存于胎儿皮下组织、胸腹腔及阴囊内。病畜表现腹围膨大，精神不振，呻吟不安，频频努责，从阴门流出污红色恶臭液体，食欲减退，体温升高；阴道检查，产道有炎症，子宫颈开张。

（二）治疗

对有流产征兆而胎儿未被排出及习惯性流产者，应全力保胎，以防流产。可用黄体酮注射液，牛、马 50~100mg，猪、羊 15~25mg，肌内注射，每日 1 次，连用 2~3 次，亦可肌内注射维生素 E。

胎儿死亡，且已排出，应调养母畜；胎儿已死，若未排出，则应尽早排出死胎，并剥离胎膜，以防继发病的发生。

小产及早产的治疗宜灌服落胎调养方：当归24g、川芎24g、赤芍24g、熟地黄9g、生黄芪15g、丹参12g、红花6g、桃仁9g，共碾末冲服。

胎儿干尸化的治疗，灌注灭菌液状石蜡或植物油于子宫内后，将死胎拉出，再以复方碘溶液（用温开水稀释 400 倍）冲洗子宫。当子宫颈口开张不足时，可肌内或皮下注射己烯雌酚，促使黄体萎缩、子宫收缩及子宫颈开张，待宫颈开放较大后助产。

胎儿浸溶及腐败分解的治疗：尽早将死胎组织的分解产物排出，并按子宫内膜炎处理，同时应根据全身状况配以必要的全身疗法。

（三）预防

（1）给以数量足、质量高的饲料，日粮中所含的营养成分，要考虑母体和胎儿需要，严禁饲喂冰冻、霉败及有毒饲料，防止饥饿、过渴和过食、暴饮。

（2）孕畜要适当运动和使役，防止挤压碰撞、跌摔踢跳、鞭打惊吓、重役猛跑。做好冬季防寒和夏季防暑工作。合理选配，以防偷配、乱配。母畜的配种、预产期，都要记载。

（3）配种（授精）、妊娠诊断；直肠及阴道检查，要严格遵守操作规程，严防粗暴从事。

（4）定期检疫、预防接种、驱虫及消毒。凡遇疾病，要及时诊断，及早治疗，用药谨慎，以防流产。

（5）发生流产时，先行隔离消毒，一面查明原因，一面进行处理，以防传染性流产传播。

二、胎衣不下

胎衣不下也称胎衣滞留，牛比较常见，尤其是奶牛平均发生率可达10%左右。胎衣不下是指母牛分娩后经过8~12h仍排不出胎衣。正常情况下，母牛在分娩后3~5h即可排出胎衣。

（一）症状

牛胎衣不下，在初期一般不会出现全身症状，常见病牛有一部分红色的胎衣垂于阴门外，大多胎衣滞留在子宫内，阴门外仅露出脐脉管的断端。2d后，停滞的胎衣开始腐烂分解，从阴道内排出暗红色、混有胎衣碎片的恶臭液体。腐烂分解产物若被子宫吸收，可出现败血型子宫炎和毒血症，患牛表现体温升高、精神沉郁、食欲减退、泌乳减少等。

（二）治疗

胎衣不下的治疗方法有药物治疗、手术剥离及辅助治疗。

1. 药物治疗

（1）西药疗法。10%葡萄糖酸钙注射液、25%葡萄糖注射液各500mL，1次静脉注射，每日2次，连用2日。催产素100单位，1次肌内注射。氢化可的松125~150mg，1次肌内注射，隔24h再注射1次，共注射2次。土霉素5~10mg，蒸馏水500mL，子宫内灌注，每日或隔日1次，连用4~5次，让其胎衣自行排出。10%高渗氯化钠500mL，子宫灌注，隔日1次，连用4~5次，使其胎衣自行脱落、排出。增强子宫收缩，用垂体后叶素100单位或新斯的明20~30mg肌内注射，促使子宫收缩排出胎衣。

（2）中药疗法。应用"益母生化散"，一次灌服，服药后 24h 胎衣仍不下可再服 1 剂。中药疗法与西药疗法合用，可明显增加疗效。也可应用中药茯苓 200~300g，加水 3 500~4 500mL，煎煮 30min，加入红糖或白糖 150~300g、食盐 30~50g，溶化后，候温内服，饮后能加速胎衣的排出。

2. 手术剥离

先把阴道外部洗净，左手握住外露胎衣，右手沿胎衣与子宫黏膜之间，触摸到胎盘，食指与中指夹住胎儿胎盘基部的绒毛膜，用拇指剥离子叶周缘，扭转绒毛膜，使绒毛从肉阜中拔出，逐个剥离。然后向子宫内灌注消炎药，如土霉素粉 5~10g，蒸馏水 500mL，每天 1次，连用数天。也可用青霉素 320 万单位，链霉素 4g，肌内注射，每天 2 次，连用 4~5d。

（三）预防

注意营养供给，合理调配，不能缺乏矿物质，特别是钙、磷的比例要适当。产前不能多喂精饲料，要增加光照和运动。产后要让母牛吃到羊水和益母草、红糖等。如果分娩 8~10h 后不见胎衣排出，则可肌内注射催产素 100 单位，静脉注射 10%~15% 的葡萄糖酸钙 500mL。

三、子宫破裂

子宫破裂是指在分娩期或妊娠晚期子宫体部或子宫下段发生破裂。若未及时诊治可导致胎儿及母畜死亡，是产科的严重并发症。

（一）症状

根据破裂程度，可分为不完全性子宫破裂与完全性子宫破裂两种。

1. 不完全性子宫破裂

不完全性子宫破裂指子宫肌层部分或全层破裂，浆膜层完整，宫腔与腹腔不通，胎儿及其附属物仍在宫腔内。多见于子宫下段剖宫产切口瘢痕破裂，常缺乏先兆破裂症状，腹部检查仅在子宫不完全破裂处有压痛，体征也不明显。若破裂发生在子宫侧壁阔韧带两叶之间，可形成阔韧带内血肿，此时在宫体一侧可触及逐渐增大且有压痛的包块。胎心音多不规则。

2. 完全性子宫破裂

完全性子宫破裂指宫壁全层破裂，使宫腔与腹腔相通。继先兆子宫破裂症状后，子宫完全破裂一瞬间，随着血液、羊水及胎儿进入腹腔，母畜出现脉搏加快、微弱，呼吸急促，血压下降等休克症状。子宫瘢痕破裂者可发生在妊娠后期，但更多发生在分娩过程。开始时腹部微痛，子宫切口瘢痕部位有压痛，此时可能子宫瘢痕有裂开，但胎膜未破，胎心良好。若不立即行剖宫产，胎儿可能经破裂口进入腹腔。

（二）治疗

1. 一般治疗

密切观察家畜的生命体征，一旦表现出休克症状，立即积极抢救，输血输液（至少建立 2 条静脉通道快速补充液体）、吸氧等，并给予大量抗生素预防感染，这对提高该病的预后起着至关重要的作用。

2. 先兆子宫破裂的治疗

先给大量镇静剂以抑制宫缩，并尽快结束分娩。在子宫破裂发生的 30min 内施行剖宫产术是降低围产期永久性损伤以及胎儿死亡的主要治疗手段，而手术时采用的硬膜外麻醉，本身就是一种抑制宫缩的有效方法。

（1）子宫修补术联合择期剖宫产术。适于发生在孕中期，破裂口小，出血量少，家畜及胎儿情况良好，此处理方法较少应用。

（2）子宫修补术联合紧急剖宫产术。裂口不是很大，边缘整齐，子宫动脉未受损伤，未发现明显感染症状以及不完全子宫破裂者，可在行紧急剖宫产术的基础上行子宫修补术。

（3）急剖宫产术联合子宫次全切除术或子宫全切除术。妊娠裂口过大，破裂时间过长，边缘不完整，应及时行子宫切除术。

（4）阔韧带内有巨大血肿。需处理血肿，一般采用髂内动脉结扎。

（三）预防

子宫破裂一旦发生，处理困难，危及孕母畜及胎儿生命，应积极预防。认真进行产前检查，正确处理产程，提高产科质量，绝大多数子宫破裂可以避免发生。

（1）认真做好产前检查，有瘢痕子宫、产道异常等高危因素者，应提前入院待产。

（2）提高产科诊治质量，正确处理产程，严密观察产程进展，警惕并尽早发现先兆子宫破裂征象并及时处理；严格掌握缩宫素应用指征；正确掌握产科手术助产的指征及操作常规；正确掌握剖宫产指征。

四、子宫扭转

子宫扭转是指子宫沿着其长轴按顺时针或逆时针扭转90°甚至180°~360°的状态。子宫扭转在家畜中较为多见。

（一）症状

该症的主要症状为腹痛，腹痛的程度与扭转后所造成的子宫缺血成正比，故扭转的程度越大、时间越久，则子宫缺血越严重，而腹痛也就越剧烈。扭转的程度可达90°甚至720°。家畜及胎儿死亡率较高，此外有的伴有尿频、尿急，有少量到中等量的阴道流血。

（二）治疗

1. 腹白线切开和整复子宫

发病后，若诊断及时，并能在短时间内实施手术者，如果子宫处于良好状态，则应对扭转的子宫角进行整复。在这种情况下，就应实施腹白线切开术。

2. 卵巢子宫摘除术

这是最实用的手术方法。当开腹后，子宫已经受到严重损伤，渗出大量混有血液的渗出液，这是子宫的血管发生扭转，促使阻塞的血管内压增高而压出的漏出液。实际上子宫扭转常发生于一侧子宫角，或者至子宫体。当出现后者时，循环血管波及双侧子宫角。

五、子宫脱出

（一）症状

通常以阴道脱出或子宫半脱出为多见。此时可见母牛阴门外有球状脱出物，初期较少，母牛站立时会自行缩回，以后变大，无法缩回。这时可见阴门外有垂直长形的布袋状物，子宫全脱出时可垂至跗关节上方，常附有未剥落的胎衣及散在的母体胎盘。脱出物初呈鲜红色，有光泽，常附有粪便、泥土、垫草等污物，时间经久变成暗红色，出现瘀血、水肿并发生干裂或糜烂。母牛精神沉郁、食欲减少、拱腰举尾、努责不安、排尿困难，严重时出现腹痛、贫血、眼结膜苍白及寒颤等。如脱出物受损伤、感染可继发出血或败血症。

（二）治疗

1. 手术整复

母牛站立保定。先用 0.1% 高锰酸钾溶液洗净脱出物，后用 2% 明矾水冲洗 1 遍。母牛努责强烈，可用 2% 普鲁卡因注射液 20~30mL 做腰荐部硬膜外腔麻醉或做后海穴浸润麻醉。剥离胎衣，若出血严重可肌内注射安络血注射液 20~40mL；水肿严重可用注射针头散扎后排出积水。整复时先由助手将消毒后的子宫托至阴门高度，并摆正子宫位置，防止扭转。术者用纱布包住拳头，顶住子宫角末端，小心用力地向阴道内推送或从子宫角基部开始，用两手从阴门两侧一点一点地向阴道内推送。子宫送入骨盆腔后，应以手臂尽量推送到腹腔内，使之展开复位。然后向子宫腔内投入 5~10g 土霉素粉，并用 500mL 生理盐水稀释，保持母牛站立，并做牵遛运动。多数子宫整复后可不再脱出，否则应在阴门周围做 2~3 个纽扣状缝合，但要留足尿道口。2~3d 后，如母牛不再努责，可拆线。

2. 药物治疗

西药可用补液、强心、缩宫及止血药物，如用 50% 葡萄糖注射液

500mL 及 5%糖盐水 2 000~3 000mL 另加 20%安钠咖注射液 10mL、维生素 C 5g 加温后静脉注射。同时，肌内注射垂体后叶素 50~100IU。消炎抗菌可用青霉素 400 万 IU 与链霉素 5g 混合肌内注射。一般每日 1~2 次，连用 3~5d。中药治疗时，可在子宫脱出整复手术后即投服中药补中益气汤，每日 1 剂，连服 2~5 剂。

第七章　家禽繁殖技术员

第一节　家禽繁殖员的岗位职责及基本要求

一、家禽繁殖员的岗位职责

（1）负责养禽场种禽的选择工作。

（2）负责养禽场种禽的饲养管理工作。

（3）负责养禽场采精训练、采精、精液稀释、母禽输精等工作。

（4）负责种禽场的种蛋管理工作。

（5）负责种禽场的孵化管理工作。

（6）详细记录种禽的产蛋、受精、孵化情况。

（7）协助兽医、饲养员等做好禽群治疗、消毒防疫等工作。

（8）做好物品、器械使用前后彻底清洁、消毒，做到无污染操作。

（9）按操作规程完成生产定额和劳动定额。

（10）严格遵守养殖场各项规章制度，按时上下班，服从上级工作安排。

二、家禽繁殖员基本要求

（1）了解家禽的生殖器官解剖结构及其功能。

（2）熟练掌握并运用家禽的繁殖知识。

（3）了解家禽产蛋机理、种蛋形成过程和种蛋结构。

（4）熟练掌握家禽人工授精技术。

（5）熟练掌握家禽孵化技术。

（6）了解家禽主要繁殖病及控制技术。

（7）掌握提高家禽繁殖率技术措施。

（8）了解国家有关法规。

（9）能够推广普及先进繁殖技术，改进工艺，提高生产力和经济效益。

第二节　家禽的繁育方法

家禽的繁育方法包括纯种繁育和杂交繁育。

一、纯种繁育

纯种繁育是用同一品种内的公母禽进行配种繁殖，这种方式能保持一个品种的优良性状，有目的地进行系统选育，能不断提高该品种的生产能力和育种价值，目前种鸭场、种鹅场纯种繁育较为常见。种鸡场多采用纯种进行品系选育，即利用先进的遗传学原理和育种技术，从同一品种或不同品种中选育出符合人们需要的各具不同性状的品系，如消耗饲料少品系、产蛋多的品系、蛋壳质量好的品系等为以后的杂交配套组合奠定基础。

采用本品种繁育，容易出现近亲繁殖的缺点，尤其是规模小的养禽场，禽群数量小，很难避免近亲繁殖，从而引起后代的生活力和生产性能降低，体质变弱，发病率、死亡率增多，种蛋受精率、孵化率、产蛋率、蛋重和体重都会下降。为了避免近亲繁殖，必须进行血缘更新，即每隔几年应从外地引进体质强健、生产性能优良的同品种公禽进行配种。

当前我国许多地方品种具有较强的环境适应能力、耐粗饲、早熟、繁殖力强等特性，但体型、外貌、生产性能尚不够一致，也应进行纯种繁育，提纯复壮。外来优良禽种，也要通过本品种选育，迅速增加数量，解决耐粗饲和环境适应等问题。

二、杂交繁育

不同品种间的公母禽交配称为杂交。由两个或两个以上品种杂交所获得的后代，具有亲代品种的某些特征和性能，丰富和扩大了遗传物质基础和变异性，因此，杂交是改良现有品种和培育新品种的重要方法。由于杂交一代常常表现出生活力强、成活率高、生长发育快、产蛋产肉多、饲料报酬高、适应性和抗病力强的特点，所以在生产中利用杂交生产出的具有杂种优势的后代，作为商品禽是经济而有效的。根据杂交的目的可分为育种性杂交、经济（配套）杂交和远缘杂交。

（一）育种性杂交

育种性杂交又称育成杂交，是用两个以上的品种进行杂交，创造和培育新品种。首先，通过杂交方法扩大和丰富遗传基础，然后对杂种后代严格地选种选配。同时着手建立5~9个品系，以便更好地巩固遗传性和避免以后长期亲缘交配。其次，增加禽群数量和扩大品种的分布区，继续进行选育提高。

一个优良的新品种，应具备稳定的高产性能，比较一致的体型外貌，并能将优良性状遗传给后代和适应当地的自然环境。

（二）经济（配套）杂交

经济（配套）杂交是杂交优势的利用，目的是获得具有高度生产力的杂种禽群。这些杂种后代要供商品生产用，不继续繁殖。

（三）远缘杂交

远缘杂交是指禽类不同种、属、科间的杂交。由于有较远的亲缘关系，体型外貌、生活习性、机能、遗传方面有较大的差异，所以不像品种内那样容易杂交，但在生产实践中具有重要的经济意义。如在肉鸭业生产中常见的有公番鸭和母麻鸭杂交，得出的泥鸭就具有很好的经济性状。泥鸭毛色以黑麻色为主，头、颈、背、胸、尾有蓝色羽，放光泽。喙如鸭，体型远比麻鸭大，超过番鸭，成年体重达3.5~4kg。行动迟缓，耐粗饲，常在屋前屋后的水域内啄食。生长迅速，4~5个月性成熟。一般不会产蛋，偶有个别养到1年后开始产少量蛋的。泥公鸭与麻母鸭交配能受精，但孵化率极低，胚胎多中途死亡，孵出者也极难成活。

第三节　家禽的人工授精技术

一、人工授精的意义

1. 扩大公母比例，减少种公禽饲养量

自然交配下种鸡的公、母比例为 1 : 10，采用人工授精后，每 30~50 只母鸡的配种，加倍稀释后可增加到 50~100 只。人工授精显著减少了种公鸡的饲养量，节省了开支，并可充分利用优秀种公鸡。

2. 提高种蛋受精率

当种禽公母体重悬殊时（如鹅、火鸡），自然交配下种公禽常把母禽背部抓伤而使母禽拒绝交配，由此引起种蛋受精率降低。采用人工授精，公母禽不直接接触，可减少母禽的伤残率，提高种蛋受精率。且采用人工授精后，还避免了公禽对母禽的选择性，遏制了公禽之间的互相争配，使每只母禽都有同样的受精机会，种蛋受精率明显提高。

3. 家禽繁殖不受饲养方式限制，并可准确记录

笼养种禽的出现，使自然交配受到限制，而人工授精时，公、母禽不需直接接触，也能达到精卵结合的目的，同时还可准确记录公、母禽的资料，为选种和育种提供方便。

4. 扩大"基因库"，不受时间、国界的限制

实行精液冷冻保存，可消除公禽年龄、时间、地区、国界的限制，即使公禽死后仍可利用其精液继续繁衍后代，同时可通过保存精液以保存优良的种质资源，降低保种费用。

二、人工授精前的准备

人工授精前首先应确定人员，并进行种禽的选择、种公禽的训练、仪器和用具的准备。

（一）人员的确定

人工授精人员要热爱本职工作，动作灵活，反应灵敏，接受能力

强，一般经 1~2 周的培训就能熟练掌握。

（二）种禽的选择与种公禽的训练

1. 种禽选择

种公禽应外貌符合品种特征，体质健壮，发育匀称，健康无病，尤其不应携带可经蛋传播的疾病。饲喂全价配合饲料，采用科学管理方法。雄性强，同时还应肛门大而湿润，用手按摸其背部，尾巴向上翘，泄殖腔外翻，性反射好。精液品质优良。

种母禽应外貌符合品种特征，体质健壮，体重大小适中，肥瘦适度，健康无病（尤其无输卵管炎）。培育品种鸡产蛋率在 70% 以上，蛋重 50~65g，蛋品质好；地方品种鸡产蛋率在 40% 以上，蛋重在40~70g。饲喂全价配合饲料，采用科学管理。

2. 种公禽的训练

（1）公鸡的训练。公禽应在使用前 4 周转入单笼饲养，在配种前2~3 周，开始训练公禽采精，每天 1 次或隔天 1 次。一旦训练成功，则应坚持隔日采精。公禽经 3~4 次训练，大多数公禽都能采到精液。有些发育良好的公禽，如果采精人员的操作技术熟练，开始训练的当天便可采集到精液。经训练后仍无性反射或不能正常射精者，应淘汰。将留用的公禽肛门周围羽毛剪去，以防污染精液。

（2）公鸭的训练。采精前公鸭必须经过调教训练才能建立性反射。达到采精员在公鸭笼周围走动而不引起公鸭骚动时，即说明公鸭能够保持安静而不受干扰，此时调教即可开始。将母鸭移入笼内或将公鸭放出与母鸭接触，如果采精员站立旁边时公鸭有骑乘反应，就表明在其交配时允许采精员靠近，交配后将母鸭抓走。

如果母鸭放入后，公鸭没有反应或只是试图骑乘，这时可将母鸭留在公鸭笼内 1d。调教时，采精员必须在旁边轻轻地走动，以适应公鸭的脾气。在成功地进行采精 2~3 次后，公鸭会把采精员与性活动联系起来，一看到采精员接近试情母鸭就会产生性兴奋。连续 3 次射精成功，或者 4 次试图射精中有 3 次成功的，应视为调教成功。

（3）公鹅的训练。在母鹅将开产或刚开产时，公鹅就可进行按摩训练。一般经过 7~10d 的按摩训练，就可建立性反射、采出精液。据江苏家禽科学研究所试验观察,部分太湖鹅公鹅在按摩训练开始后的2~3d 就有精液排出,8d 后能排精的公鹅基本稳定。其他品种公鹅建立性反射的时间与太湖鹅相似,而浙东白鹅较快。据观察,经过训练后,有 2%~38.5% 的公鹅性反射好,精液量较多;有 38.5%~44.2% 的公鹅精液量少;其余 17.3%~35.5% 的公鹅发育不良或生殖器畸形。生产中,只能将性反射好、精液量多、精液品质好的公鹅留下来用于人工授精,其余大部分公鹅淘汰。只有这样,才能发挥人工授精的优势。经过训练和选择,公母比例可按 1:(15~20)选留,开始时可适当多留些公鹅。

(三)器具的准备

人工授精时所需主要器具有采精杯、集精杯、保温杯、温度计、输精管、显微镜等。

采精杯为不漏的漏斗,最好为棕色,也可用高脚玻璃酒杯代替,容量为 5.8~6.5mL。

集精杯最好为一棕色试管,容量为 5~10mL,管壁厚度 0.2mm 以上,防止被输精管捅破。

输精管容量 1.0~5.0mL,管壁厚 1mm 以上,也可用 1mL 注射器代替,注射器头用塑料管接一细玻璃管,目的是将刚采出的精液迅速转移到集精杯中。

保温杯容量为 250mL 左右,杯口由软木塞或泡沫堵塞,木塞或泡沫塞上钻有 2~3 个与集精杯外径相同的圆孔,1 个与温度计直径相同的小圆孔。保温杯内放入 25~30℃ 的温水。集精杯通过木塞或泡沫孔插入盛有温水的保温杯内,杯口卡在塞上,温度计通过塞孔插入水中,测量水温。

另备 200~1 250 倍的显微镜、0~100℃ 的酒精温度计、医用脱脂棉和 0.9% 的生理盐水。

三、采精技术

家禽的采精方法主要有截取采精法、电刺激采精法和按摩采精法。截取采精法是以母禽对公禽天然的性刺激为原理而采得精液的方法，又分为台禽诱情法和假阴道法。电刺激采精法是用微弱电流刺激公禽射精的方法。按摩采精法是最早使用的方法，一直沿用至今。实践证明，该方法最安全、方便，采出的精液干净，是目前应用最广泛的方法，分为背腹式按摩采精法和背式按摩采精法，前者多用于体型较大、重型品种的鸭与鹅的采精，后者适用于鸡与体型小的鸭与鹅的采精。

（一）采精操作

1. 公鸡的采精

常用的方法是按摩法。助手从公鸡笼中把公鸡抓出送给采精者（下称术者）。术者坐在凳子上，接过公鸡，把公鸡两腿夹持在自己交叉的大腿间，根据习惯，一般左腿抬起交叉将鸡腿夹住。这样公鸡的胸部自然就会伏在术者的左腿上。一定不能让公鸡有挣扎的余地，以达到保定鸡的目的。公鸡保定以后，术者从助手手中接过漏斗状的采精杯。接杯时用右手的食指与中指或者中指与无名指将采精杯夹住，采精杯口朝向手背。夹好采精杯后，术者即可进行按摩采精操作。左手大拇指和其余四指自然分开微弯曲，以掌面从公鸡背部靠翼基处向背腰部至尾根处，由轻至重来回按摩，同时，持采精杯的右手大拇指与其余四指分开由腹部向泄殖腔部轻轻按摩，左右手配合默契。按摩几次后，公鸡很快出现性反射动作，尾部向上翘起，肛门也向外翻出时，可见到勃起的生殖器，左手迅速将其尾羽拨向背侧，左手拇指和食指迅速跨在泄殖腔上两侧柔软部位，并向勃起的交配器轻轻挤压，乳白色的精液从精沟中流出，右手离开鸡体，将夹持的采精杯口朝上贴向外翻的肛门，接收外流的精液。公鸡排精时，左手一定要捏紧肛门两侧，不能放松，否则精液排出不完全，影响采精量。精液排完，即可放开左手，持杯的右手将杯递给收集精液的助手。捉鸡的助手把公鸡拿走，接着轮换另一只公鸡。接精液的助手将精液倒入集精杯内。收集到足够 0.5h 内输完的精液时，采精即告停止。一般情况下，如果采精技术熟练，10min 左右可采 20~30 只中型品种公鸡或 30~35 只轻型品种公鸡，可采得一杯精液（8~10mL），一个 3 人的输精小组，在 0.5h 内即可输完。

采精亦可一人操作，即采精员用两腿保定公鸡，使其头向后靠左侧，再按摩采精。有的训练较好的或性反射强的公鸡，不需保定或只需按摩背部，即可迅速采得精液。

2. 公鸭的采精

采精方法有台鸭法、人工按摩法和电刺激法 3 种。比较常用的是按摩采精法：1 人从围栏中捉出公鸭保定于采精台上，右手固定鸭翼基部的胸段，使鸭呈蹲伏姿势，鸭的后腹部悬于采精台边缘，便于按摩操作。左手持集精杯，采精员用一块灭菌的棉球蘸生理盐水清洗鸭肛门，由中央向外擦洗，接着进行按摩采精。采精者左手掌心向下，拇指和其他手指自然分开并稍弯曲，手指和掌面紧贴公鸭的背部，从翅膀基部向尾部方向有节奏地进行按摩，刺激的主要部位是髂骨区。一般反应较快的公鸭按摩 4~5 次即有反应，反应慢的则需 10 多次。在左手按摩的同时，右手有节奏地按摩腹部后面的柔软部，并逐步按摩和挤压泄殖腔环，待其阴茎在泄殖腔内充分勃起。手感有如核桃大的硬块，阴茎根部的大小纤维淋巴体开始外露于肛门外，此时助手应迅速将手持的集精杯靠近泄殖腔下面，采精者右手固定在阴茎根部的下面，用左手拇指和食指挤压泄殖腔的背侧。阴茎勃起伸入集精杯内，精液沿着闭合的螺旋精沟射入杯内，采精者应持续地一松一紧地挤压泄殖腔，直至公鸭排完精液为止。经过训练调教的公鸭，每次采精时间仅需 20~30s 即可。

采精前，公鸭应隔离饲养，并于采精前 4~6h 停水、停料，以防采精时的粪便污染精液。采精前公鸭不能放水活动，防止相互爬跨而射精。采精时间最好选在清晨进行。采集的精液在 15min 内使用效果较好。公鸭的留种比例为 1：（20~30）。采精时间间隔 1~2d。

3. 公鹅的采精

公鹅的采精方法有按摩法、台禽诱情法、假阴道法和电刺激法，前两种方法在生产中使用较多。一般情况下，每天采精 1 次，连续 5~6d，休息 1~2d。下面详细介绍台禽诱情法和按摩法。

（1）台禽诱情法。即使用母鹅（台禽）对公鹅进行诱情，促使其射精而获取精液的方法。首先将母鹅固定于诱情台上（离地 10~

15cm），然后放出经调教的公鹅，公鹅会立即爬跨台禽，当公鹅阴茎勃起伸出交尾时，采精人员迅速将阴茎导入集精杯而取得精液。有的公鹅爬跨台禽而阴茎不伸出时，可迅速按摩公鹅泄殖腔周围，使阴茎勃起伸出而射精。

（2）按摩法。按摩采精法中以背腹式效果最好。采精员将公鹅放于膝上，公鹅头伸向左臂下，左手掌心向下，大拇指和其余4指分开，稍弯曲，手掌面紧贴公鹅背腰部，从翅膀基部向尾部方向有节奏地反复按摩，公鹅引起性兴奋的部位主要在尾根部；同时用右手拇指和食指有节奏地按摩腹部后面的柔软部，一般8~10s。当阴茎即将勃起的瞬间，正进行按摩着的左手拇指和食指稍向泄殖腔背侧移动，在泄殖腔上部轻轻挤压，阴茎即会勃起伸出，射精沟闭锁完全，精液会沿着射精沟从阴茎顶端快速射出，用集精管（杯）接入，即可收集到洁净的精液。熟练的采精员操作过程20~30s，并可单人进行操作。按摩法采精要特别注意公鹅的选择和调教。要选择那些性反应强烈的公鹅作采精之用，并采用合理的调教日程，使公鹅迅速建立起性条件反射。调教良好的公鹅只需背部按摩即可顺利取得精液，同时可减少由于对腹部的刺激而引起粪尿污染精液。采精时按摩用力要适当，过重易引起生殖器出血，污染精液。按摩手势不正确，按摩泄殖腔上部时挤压到直肠，往往会造成排粪；采精时，集精杯不要靠近泄殖腔，防止公鹅突然排粪造成精液污染。

（二）采精注意事项

（1）环境洁净安静。采精环境要安静、清洁、卫生，切忌有尘土飞扬。采精时，动作要轻快而准确，不得粗暴行事。

（2）采精前停水停料。采精时应防止粪便污染精液，故采精前4h应停水停料，集精杯勿太靠近泄殖腔，采精宜在上午6—9时进行。

（3）采精后要尽快使用。采得的精液应立即置于水温25~35℃的保温瓶内，鸡的精液最好在30min内使用，鸭的精液在15min内使用效果最好。采集的精液不能曝于强光之下。

（4）掌握适宜按摩时间。采精按摩，时间不宜过长，压力不能过大，否则公鸡会排出粪、尿，甚至损伤黏膜造成出血或渗出多量透明液体，从而造成精液的污染。

（5）保持用具清洁。采精杯、集精杯每次使用后都要清洗消毒。

四、精液的稀释

精液稀释的目的有两个：一是人工授精的精液稀释可增加精液的容量，提高公禽一次射精量的可配母禽只数，减少公鸡的饲养量，降低饲养费用，提高禽场的经济效益；二是延长精子的存活时间。在室温下未经稀释的精液，精子新陈代谢旺盛，精液中的营养物质迅速被消耗，并产生乳酸使精液的 pH 值下降，精子细胞内的某些酶被抑制失去活性，可致精子的活力下降甚至死亡。稀释液是为精子提供营养物质、维持离子平衡、缓冲乳酸引起的数值变化，稀释液中常加入抗生素，可有效防止细菌生长繁殖。

（一）稀释液的配制要求

（1）化学药剂应为化学纯或分析纯。

（2）一切用具均应彻底洗涤干净、消毒、烘干。

（3）准确称量各种药物，充分溶解后，过滤、密封消毒。

（4）按要求调整 pH 值和渗透压。

（5）短期保存的稀释液中所用酯类、奶类和鸡蛋，除作为营养剂外，还有防止精子发生"冷休克"的作用。

（6）加入抗生素等生物制剂，也应在稀释液冷却后加入。

（二）常用稀释液

稀释液配方有许多种，有的化学成分很多，配制方法也较复杂，操作规程要求严格。

（三）稀释方法与比例

采得精液后，应将精液与稀释液分别放入 30℃ 保温瓶内或恒温培养箱内，使两者的温度接近或相等，避免两者的温差过大，造成突然降温，影响精子活力。稀释时应将稀释液沿着贮精试管壁缓慢地加入精液内，并且轻轻转动，使两者均匀混合。

精液稀释的比例，依精液品质和稀释液的性质而定。精液的适当稀释有利于精液的体外保存。在室温 18～22℃ 条件下，保存不超过

1h，稀释比例以 1：（1~2）为宜；在 0~5℃条件下，保存 3~8h 或 24~48h，其稀释比例以 1：（3~4）为宜。在生产实践中，鸡的精液一般不做长时间保存，也极少做长途运输，故一般多做 1：（1~2）倍稀释即可。

五、输精技术

输精是人工授精的最后一个技术环节。适时而准确地把一定量的精液输到母鸡生殖道的一定深度，是保证得到高受精率种蛋的关键。

（一）母鸡的输精

1. 输精操作

输精时，一般是由两人操作，助手用左手握住母鸡的双翅提起，令母鸡头朝上，肛门朝下；右手掌置于母鸡耻骨下，在腹部柔软处施以一定压力，泄殖腔内的输卵管口便会翻出。输精员可将输精器轻轻插入输卵管口 1~2cm，进行输精，在输精器插入的一瞬间，助手应立刻解除对母鸡腹部的压力，输精员方可将精液全部输入，而不外溢。

笼养种鸡人工授精时，不必从鸡笼中取出母鸡。只需助手以左手握种鸡的双腿，稍稍提起，将种鸡胸部靠在笼门口处，右手在腹部施以轻压，输卵管开口即可外露，输精员便可注入精液。

2. 输精量与输精次数

输精量与输精次数，取决于精液品质、鸡群周龄和所在季节等。生产实践证明：使用精子活力 5 级、稠密的精液，开产初期，每只母鸡一次输精量（原精液）以 0.025~0.03mL 为宜，每 5d 输精 1 次，可获得高受精率的种蛋；产蛋的中后期，每只母鸡一次输入原精液 0.04~0.05mL，每 5d 输精 1 次，亦可保证高的受精率。在炎热的夏季和寒冷的冬季，不管是产蛋前期或是产蛋中后期，输精量均应适当增加。

另外，一般认为给母鸡输精，每次输精的精液内只要有 1 亿个以上的精子，就可获得高受精率的种蛋。

3. 输精时间

种鸡最好在 15:00 以后进行人工授精。此时，母鸡当天产蛋已绝大部分结束，授精效果最好。

4. 输精注意事项

（1）给母鸡腹部施加压力时，一定要着力于腹部左侧，才能使输卵管口顺利翻出；反之，则可引起母鸡排粪。

（2）无论使用哪种输精器，均需对准输卵管口中央，轻轻插入；切忌粗暴，以防止损伤输卵管黏膜。

（3）切忌输入空气或气泡。

（4）切实做到每一只母鸡单独用一个输精管接头；如使用滴管类的输精器，必须每输1只母鸡用干燥的消毒棉球擦拭一次，以防止传播疾病。

（二）母鸭的输精

接受输精的母鸭必须是与原来的公鸭隔离饲养两个星期以上的产蛋鸭，输精时间应选在早上进行。

输精时，1人坐住以保持稳定，然后用左右手的大拇指和食指各握住母鸭的一只脚，其余3指伸直，在泄殖腔两侧压迫腹部，并同时将两腿带向腹部，加重对母鸭后腹部的压力，泄殖腔即行张开，以暴露阴道口，此时可见两个孔，中央孔为粪便排出口，左上方孔为输卵管开口。另一个人右手拿着吸有精液的注射器插入输卵管开口内约3cm，将精液慢慢注入，然后慢慢放松手的压迫，阴道口即可慢慢收入泄殖腔。

每次人工授精的精子数为0.3亿~0.5亿个，但在精液量足够时，可增加到每次1亿个。稀释后，每只母鸭注射0.2mL即可。母鸭应每隔3~4d授精1次，超过4d受精率会受到影响。实践证明本法效果良好，熟练的输精员可以单人操作。

输精时应注意如下方面。

（1）母鸭以5~6d输精一次为宜，而用瘤头鸭公鸭与家鸭输精则以3~4d一次为宜。

（2）鸭的每一次输精量可用新鲜精液0.05mL，每次的输精量中至少应有4 000万~6 000万个精子，每一次的输精量加大一倍可获良好效果。

（3）鸭在上午 9—11 时输精为好。

（4）初产 1 个月内的母鸭不宜进行人工授精。

（5）母鸭群在换毛期应停止人工授精。

（三）母鹅的输精

母鹅大多在夜间至清晨产蛋，输精以在上午 8—9 时或下午 4 时左右进行为宜。

将母鹅集中于围栏后，助手将母鹅保定于输精台上，尾巴朝上，腹部朝向输精者，输精者左手压下尾羽，拇指张开肛门，右手持输精管插入泄殖腔左下方阴道口内 5~7cm 处注入精液。在生产中，采出的精液一般用灭菌生理盐水按 1:1 比例稀释，并在半小时内输完。输精剂量为 0.1mL/只（第一次输精时，输精量加倍，可使受精率提高到 90% 以上），每间隔 5~7d 输精 1 次。因输精 5d 后，间隔时间每增多 1d，种蛋受精率下降 2%~3%，所以间隔 5d 种蛋受精率为最佳。鹅人工授精操作过程中动作应轻缓，以避免损伤种鹅的生殖道。输精时应用消毒药棉擦拭输精管以保持其清洁卫生。

母鹅刚开产时，仍有部分母鹅尚未产蛋，为了便于操作、减少物耗，对这部分母鹅不必进行输精。因母鹅每隔 24~48h 产 1 枚蛋，输精前可采用"连续 2 日腹部摸蛋"法，将产蛋母鹅分开饲养和输精。

第四节　家禽的人工孵化技术

一、种禽的管理

并不是所有种鸡所产的鸡蛋都可以作为种蛋进行孵化，种蛋收集后需要进行筛选，经过消毒后才能进行孵化，有时还要进行短期的贮存和运输，因此从种蛋产出到入孵到孵化器这一期间，对种蛋需要进行细致的管理，以确保种蛋的质量。种蛋的质量会影响种蛋的受精率、孵化率以及雏鸡的质量。

（一）种禽质量

种禽要求生产性能高，无经卵传播的疾病，饲养营养全面，管理良好，种蛋受精率高。

（二）种蛋的选择

（1）清洁度。选择干净的种蛋。

（2）蛋的大小。种蛋大小一般要求 52~68g，不同的品种要求有所差异，肉种鸡要求较宽，黄羽肉鸡和地方鸡种要求的蛋重较小。

（3）蛋形。接近卵圆形的种蛋孵化效果最好，蛋形指数要求在1.3~1.4。蛋形指数是禽蛋短轴与长轴的比值。

（4）蛋壳颜色。必须要求种蛋符合本品种特征。

（5）蛋壳厚度。蛋壳厚度应在 0.35mm 左右，不仅破损率低，而且能有效地减少细菌的穿透数量，孵化效果好。

（6）种蛋选择的次数和场所。一般情况下，种蛋在禽舍内经过初选，剔除破蛋、脏蛋和明显畸形的蛋，在入库保存前或进行孵化之后再进行第二次选择，剔除不适合孵化用的禽蛋。

（三）种蛋的消毒

1. 消毒时间

为了减少蛋壳上细菌的数量，种蛋产下后应马上进行第一次消毒。夏天一般要求至少收集 4 次种蛋，冬天 3 次，收集后马上进行消毒。种蛋入孵后应在孵化器内进行第二次熏蒸消毒。种蛋移盘后在出雏器进行第三次熏蒸消毒。

2. 消毒方法

（1）甲醛熏蒸。第一次种蛋消毒通常用的浓度为每立方米 42mL 福尔马林加 21g 高锰酸钾，20min 可杀死 95%~98.5% 的病原体；第二次在孵化器内消毒，用的浓度为每立方米 28mL 福尔马林加 14g 高锰酸钾；雏鸡熏蒸浓度再减半。用甲醛熏蒸适合大批量种蛋消毒，但要注意安全，防止药液溅到人身上和眼睛里。

（2）过氧乙酸熏蒸。每立方米用 16% 的过氧乙酸溶液 50mL，加高锰酸钾 5g 熏蒸 15min，可快速、有效杀死大部分病原体。过氧乙酸一般有两种液体，使用前 24h 将 A 和 B 两种液体混匀。另外过氧乙酸的腐蚀性较强，使用时注意安全。

（四）种蛋的保存

1. 种蛋保存的适宜温度

胚胎发育的阈值温度为 23.9℃，种蛋产下后应使其温度降至低于胚胎发育的阈值温度，一直保持到种蛋入孵为止。一般认为，如果种蛋贮存的时期在 2 周之内，要求种蛋库的保存温度是 15~18℃；如果种蛋保存二周以上则要求蛋库的贮存温度更低，达到 10~12℃孵化的效果才受影响最小。种蛋保存期间应保持温度的相对恒定，不要忽高忽低。

2. 种蛋保存的适宜湿度

种蛋库的相对湿度要求 75%~80%。种蛋保存期间蛋内水分通过气孔不断蒸发，蒸发的速度与周围环境湿度有关，环境湿度越高蛋内水分蒸发越慢。但是，如果湿度过大，会使盛放种蛋的纸蛋托和纸箱吸水变软，有时还会发霉。

3. 种蛋贮存时间

在 18.0℃的贮存条件下，种蛋贮存 5d 之内对孵化率和雏禽质量无明显影响，但是超过 7d，孵化率会有明显下降，超过 2 周的种蛋，孵化的价值就不大了。

4. 种蛋运输

种蛋运输过程中要避免激烈震动，冬季运输要防寒，夏天运输也要防止太阳直晒，避免淋雨。

二、胚胎发育

（一）家禽的孵化期

不同的家禽孵化期不同，同种家禽不同品种孵化期也有差异，体形越大、蛋越大的家禽孵化期越长。家禽的孵化期还受许多因素的影响，同一种家禽小蛋比大蛋的孵化期短；种蛋保存时间越长孵化期越长；孵化温度提高，孵化期缩短。

（二）胚胎发育主要过程

种蛋获得适合的条件（主要是温度）后，可以重新开始继续发育，并很快形成中胚层。胚胎发育过程相当复杂，胚胎学家有专门的研究和论述，这里主要介绍几个关键时期的特征。

第一天，在入孵的最初24h，即出现若干胚胎发育过程。4h心脏和血管开始发育；12h心脏开始跳动，胚胎血管和卵黄囊血管连接，从而开始了血液循环；16h体节形成，有了胚胎的初步特征，体节是脊髓两侧形成的众多的块状结构，以后产生骨骼和肌肉；18h消化道开始形成；20h脊柱开始形成；21h神经系统开始形成；22h头开始形成；24h眼开始形成。

第六天，尿囊达到蛋壳膜内表面，卵黄囊分布在蛋黄表面的1/2以上，由于羊膜壁上的平滑肌的收缩，胚胎有规律的运动，蛋黄由于蛋白水分的渗入而达到最大的重量，由原来的约占蛋重的30%增至65%。喙和"卵翅"开始形成，躯干部增长，翅和脚已可区分。照蛋时可见头部和增大的躯干部两个小圆点，俗称"双珠"。

第十天，腿部鳞片和趾开始形成，尿囊在蛋的锐端合拢。

第十七天，肺血管形成，但尚无血液循环，亦未开始肺呼吸。羊水和尿囊也开始减少，躯干增大，脚、翅、胫变大，眼、头日益显小，两腿紧抱头部，蛋白全部进入羊膜腔。照蛋时蛋小头看不到发亮的部分，俗称"封门"。

第十八天，羊水、尿囊液明显减少，头弯曲在右翼下，眼开始睁开，胚胎转身，喙朝向气室，照蛋时气室倾斜。

第十九天，卵黄囊收缩，连同卵黄一起被吸收到腹腔内，喙进气室，开始呼吸。

第二十天，卵黄囊已完全吸收到体腔，胚胎占据了除气室之外的全部空间，脐部开始封闭，尿囊血管退化，雏鸡开始肺呼吸。雏鸡开始大批啄壳。

第二十一天，雏鸡破壳而出，绒毛干燥蓬松。

三、孵化条件

（一）温度

1. 孵化温度

在环境温度得到控制的前提下（如24~26℃），立体孵化器最适宜孵化温度（1~19d）为 37.5~37.8℃，出雏期间为 36.7~37.2℃。最适宜温度还因以下因素的不同而有差异：蛋的大小、蛋壳质量、遗传、种蛋保存时间、孵化期间的空气湿度、孵化厅的温湿度等。

2. 恒温孵化和变温孵化

恒温孵化在孵化的 1~19d 始终保持一个温度（37.5~37.8℃），20~21d 保持一个温度（36.7~37.2℃），需保持 22~26℃的较为恒定的室温和良好的通风。

变温孵化是根据不同的孵化器、不同的环境温度和鸡的不同胚龄，给予不同的孵化温度，我国传统孵化法多采用变温孵化。

（二）湿度

1. 适宜湿度

一般要求 40%~70%均可。立体孵化器的适宜相对湿度，孵化期（1~19d）为 50%~60%，出雏期（20~21d）为 75%。

2. 无水孵化

自然孵化和我国传统孵化都不用加水，只要孵化的温度合适，就能获得正常的孵化效果。无水孵化的技术要领是孵化温度稍微降低 0.2~0.4℃，此外，还需要提早增加通风量。

3. 通风换气

为保持正常的胚胎发育，必须供给新鲜的空气，二氧化碳浓度不超过 0.5%，氧气含量为 21%时，孵化率最高。通风还起到均匀温度和散热的作用。

（三）翻蛋

1. 翻蛋的作用

翻蛋的目的是改变胚胎方位，防止胚胎粘连，使胚胎各部分均匀受热，促进羊膜运动。

2. 种蛋放置位置方向

人工孵化时蛋的大头应高于小头，但是不一定垂直。

3. 翻蛋次数、角度和时间

多数自动孵化器设定的翻蛋次数 1~18d 为每 2h 一次，每天 12 次，而每天翻蛋 6~8 次对孵化率无影响。19~21d 为出雏期，不需要翻蛋。翻蛋的角度应与垂直线成 45°角位置，然后反向转至对侧的同一位置，翻动角度较小不能起到翻蛋的效果，太大会使尿囊破裂从而造成胚胎死亡。

4. 移盘

机器孵化到第 19d 需要将种蛋由孵化器移至出雏器，种蛋在出雏盘中是水平放置的，不需要再垂直放置，更不需要翻蛋。移盘的时间一般是在第 17 至 19d 或 1%的种蛋轻微啄壳时。

（四）卫生

1. 人员卫生

所有进入孵化室的人员必须洗澡更衣，换成孵化室专用工作服才能进入孵化车间。

2. 清洗消毒

孵化器落盘后用消毒液对孵化器各部位进行彻底擦拭，然后进行熏蒸消毒。出雏器出雏结束后要马上清理孵化垃圾，用清水冲洗后进行消毒，出雏筐要浸泡后冲洗消毒。

3. 孵化场副产品和垃圾

孵化废弃物包括弱死雏、蛋壳等，要进行无害化处理，深埋或焚烧，不能到处堆放。

第五节　家禽疾病的预防与控制

我国是一个畜牧业大国，家禽养殖业占据了非常重要的地位。尤其是近些年来家禽养殖给农业带来的收入非常可观，但是随着养殖规模的扩大，家禽疾病的发生率也相应提高了，做好家禽的疾病预防和控制工作是保证养殖业良性发展的首要任务，也是促进农业发展的重要推动力量。因此，对家禽疾病的预防和控制进行研究分析是十分必要的。

一、家禽疾病的预防分析

伴随着养殖业的快速发展，家禽养殖中的疾病防治是一个值得重点关注的问题，疾病防治工作中最重要的一个工作就是预防，预防工作的完成情况将直接影响家禽养殖业的经济损失情况。我国目前家禽疾病防治工作，主要是把预防作为重要的指导方针，要充分做好预防工作就要对疾病的发生原因和疾病发病特点进行分析。分析家禽疾病发生的原因可以总结出疾病发生多数为感染，并且带有一定的传染性，病毒种类繁多，变异性强，导致家禽的死亡率逐渐上升。所以对家禽疾病的预防进行分析可以从以下几个方面展开。

（一）饲养环境和科学的管理

做好家禽疾病预防工作，首先要保证禽类在一个安全、健康的环境中成长。要做到饲养环境的卫生，保证禽舍、食用的饲料、水都是无污染的，定期对禽舍进行清洁、消毒，给家禽提供一个良好的生长环境。家禽感染疾病主要是微生物通过禽类的呼吸道，损害黏膜系统，病毒也因此就攻击机体细胞，最后造成疾病的发生。所以，给家禽创造一个健康的生存环境对疾病的预防是非常有益的。另外，合理的饲料搭配能给禽类提供充足的营养，保障他们的生长，增强它们的抵抗力；保证日常的饮水供应也能够避免外界环境对禽类生长造成的不利影响。接下来需要做的就是把禽舍的环境卫生、禽类饲料和饮水进行科学的管理。

（二）提高养殖人员的职业水准

养殖专业人员在家禽疾病的预防过程中发挥了重要的作用，养殖人员的职业水平高低，直接会对养殖过程产生很大的影响。尤其是当前的企业化养殖方式，很多负责养殖的人员职业水平参差不齐，有些人责任心强，有些人责任心弱，养殖企业要对这些专业人员进行培训，便于现代化管理。具体可以按照下面方案进行：一是养殖企业在雇佣员工时，就要对其职业水平和相关素质进行考核，防止一些职业水平差的人员混进来影响整个企业养殖水平；二是养殖企业要定期对饲养员进行培训，组织员工进行统一学习，并建立一套合理的考核制度，对培训结果以及对平时饲养工作进行考核；三是对于企业中表现良好的养殖人员，需要对他们进行物质和精神方面的奖励，对其他员工起到激励的作用。

二、家禽疾病控制的措施

（一）针对不同家禽疾病对症下药

随着医学技术的不断发展，对于新的禽类疾病病毒研制出不同的对抗药物，但是药物的长期刺激使得病毒发生了变异，而且变异的能力也越来越强，严重阻碍了农牧业的发展。对于目前常见的病毒，要对病毒的特点进行分析，然后对症下药。家禽一般感染病毒后表现出的症状是组织肿瘤，需要立刻注射疫苗来对病毒进行控制。对于家禽养殖的专业人员来说，要充分了解病毒的特性，家禽感染病毒后要立刻能够做出相应的判断，观察症状后对症下药。

（二）及时发现并在第一时间控制疫情

在家禽疾病预防控制过程中，不可忽视的一个环节就是对疾病征兆及时做出反应，也为能够及时控制疫情做好准备工作。经研究发现，很多家禽病毒在家禽感染后的前期阶段，其传播感染能力是最旺盛的，这个时候也是抑制疫情的最佳时刻。如果在这个时候能够做出相应的治疗，能够挽回不小的经济损失。

（三）严格控制病毒传播的途径

如果未能及时在第一时间发现疫情，当病毒侵入到家禽的时候，首要工作就是要阻止病毒的传播，控制好病毒的传播途径，做好疫情发生区域的隔离，防止对外界造成感染，妥善处理好病死的家禽。只有严格控制好病毒传播途径，才能够防止疫情进一步蔓延。

综上所述，家禽养殖在农牧业发展中扮演了重要的角色，对农业的整体收益有着重大的贡献。随着经济的快速发展，养殖规模逐渐扩大，养殖鸡鸭鹅的数量比以前也翻了很多倍，但是家禽养殖中的各种疾病问题，给养殖企业带来了严重的损失。对于家禽的疾病要从根本上去预防，采取科学的管理，提高养殖人员的职业水平等，一旦出现了疾病，就要采取最快的行动去抑制病情蔓延，对症下药。另外，还需要对养殖过程中的每一个环节进行管控，规模化管理，最终促进养殖业的健康快速发展，对农业发展也起到了重要的推动作用。

第八章 农机操作技术员

第一节 农机操作技术员基本常识

一、职业道德

农机操作技术员要有良好的职业道德。一个具有良好职业道德习惯的农机操作技术员，会自觉地依照法规办事，比如能自觉地接受农机监理机关的管理，做到牌证齐全，按时参加年度审验；工作中能够自觉做到礼貌、谦让，为他人着想，具有强烈的安全责任感。树立良好的职业道德，对减少农机事故的发生，促进农机安全生产，维护自身、他人、集体、国家利益不受损害具有极其重要的作用。

拖拉机和收获机械操作员要求持证上岗，驾驶证的考取按国家有关规定和程序进行。

二、农机操作技术员违背职业道德的表现

（1）酒后驾车。酒后不准驾驶机动车辆已列入刑法，但是有的农机操作技术员不以为然，借助酒劲开冒险车，开快车，乱超车，横冲直撞，不按规范操作农机具。有的农机操作技术员酒后故意戏弄其他车辆或行人。尤其是醉驾，操作容易失误，对自己不负责任，对他人和财产危害极大。

（2）严重超载。根据交通运输管理规定的要求，机动车辆装载不准超过驾驶证上核定的载重量。但在现实生产中，有些农机操作技术员为了追求利润，超重、超高装载货物，不仅影响了车辆的使用寿命，损坏了路面，还因制动能力降低而造成安全隐患。

（3）违章超车。在道路行驶中，农机因行驶速度所限，超车条件不如其他机动车辆，但有些农机操作技术员不顾农机自身条件，强行

超车，尤其在弯道，该慢不慢，该靠边避让时，不靠边避让，这种行为属于违章操作，容易引发恶性交通事故。提醒农机操作技术员一定要注意交通安全。

（4）开故障车。在生产实践中，因农机的使用条件极为复杂，车况千变万化，农机处于问题状态十分常见，如制动问题、保养不到位问题……作为农机操作技术员千万不能开故障车上路，该检修的、该保养的，一定按规范进行，决不可心存侥幸。

（5）肇事逃逸。农机使用中，谁都不愿看到作业事故，但农机操作技术员因技术和疲劳等原因，难免出现过失行为，造成事故。事故发生后，农机操作技术员本应立即停车、保护好现场，抢救伤员或财产，迅速报告有关部门并等候处理。但有些农机操作技术员不顾职业道德，开车逃跑或弃车而去。这种行为触犯了机动车辆管理规定，是不可取的。

（6）人货混装，在城乡道路上，经常看到拉农资的拖拉机上搭载人，这是违犯交通法规的行为，一旦发生交通事故，后果不堪设想。

第二节　农机安全生产

一、农机安全使用的一般要求

（一）拖拉机及内燃机启动规定

（1）检查有无润滑油和燃油。

（2）检查变速杆是否置于空挡位置。

（3）检查有无冷却水。严禁无冷却水启动。严冬季节启动前应充分预热，预热时应用温水（水温约 40℃）、再用热水（水温约 70℃）预热；严禁用明火烤车的方式预热。

（4）手摇启动要握紧摇把，发动机启动后，应立即取出摇把。

（5）使用汽油启动机启动时，绳索不准绕在手上，身后不准站人，人体应避开启动轮回转面，启动机空转时间不准超过 5min，满负荷时间不得超过 15min。

（6）使用电动机启动，每次启动工作时间不得超过 5s，一次不能启动时，应间歇 2~3min 再启动。严禁用金属件直接搭火启动。

（7）主机启动后，应低速运转，注意倾听各部有无异常声音；观察机油压力，并检查有无漏水、漏油、漏气现象。

（8）拖拉机不准用牵引、溜坡方式启动。如遇特殊情况，应急使用时，牵引车与被牵引车之间必须刚性连接，有足够的安全距离，并有明确的联系信号。溜坡滑行启动时，要注意周围环境，确保安全，并有安全应急措施。

（二）农用动力机和拖拉机的固定作业

（1）发动机启动后，必须低速空运转预温，待水温升至 60℃ 时方可带负荷作业。

（2）使用皮带传动时，主从动皮带轮必须在同一平面，并使皮带保持合适的张紧度。

（3）采用动力输出轴驱动的工作机具，应注意主从动联轴器（节）的安装方法，并安装防护罩。

（4）经常注意观察仪表，水温、油压、充电系统是否正常。

（5）蒸发式冷却的发动机水箱"开锅"是正常现象，工作中注意添加冷却水即可。强制循环冷却的发动机，水箱"开锅"属故障现象，此时须关停工作机具，使发动机低速空转，待水温正常后，再补充冷却水，并根据具体情况排除"开锅"故障。严禁发动机过热状态打开水箱盖，切忌采用向发动机体浇冷水的方法强制发动机降温。

（6）发动机工作时出现异常声响或仪表指示不正常时，应立即停机检查。

（7）动力机停机前，应先卸去负荷，低速运转数分钟后熄火。不准在满负荷工作时突然熄火停机。

（8）对工作机具进行检查、保养及排除故障时，必须先切断动力，熄火停机后进行。

（9）严禁超负荷作业。夜间作业，照明设备必须良好有效。

（三）拖拉机运输作业

（1）起步前需环顾四周及车下情况，发出信号，确认安全后方可起步。不准强行挂挡，不准猛抬离合器踏板起步。

（2）手扶拖拉机起步时，不可在放松离合器手柄的同时操作转向手柄。

（3）手扶拖拉机应用中低速爬坡，不允许在坡上换挡。为避免倒退时扶手上翘，放松离合器手柄时应平稳，不得用大油门起步。拖拉机行驶中严禁双手脱把。

（4）轮式拖拉机在道路上行驶时，左右制动踏板须用锁板连锁在一起，严禁使用半边制动急转弯。正常行驶时，不允许将脚放在离合器踏板上，不允许采用离合器的半联动控制车速；不准在不摘挡的情况下，采用踩下离合器踏板的方法临时停车。

（5）驾驶室或驾驶台不准超载，不准在驾驶室或驾驶台放置有碍安全操作的物品，严禁在悬挂的农具上搭乘人员。农机的配重必须牢固可靠。

（6）挂接拖车和农具须用低挡小油门，农具手应尽量避开拖拉机和农具之间易碰撞和挤压的部位；拖拉机和拖车连接必须牢固可靠，牵引卡的销轴须用锁销锁住，主、挂车之间须加装保护链。拖车须安装制动系统和防护网。

（7）拖拉机和拖车的转向、制动装置的作用必须正常可靠。拖拉机必须安装方向灯、喇叭、尾灯、刹车灯、后视镜等安全设备。拖车必须装有尾灯、刹车灯、方向灯等显著标志。

（8）只准一机一挂，小型拖拉机不准拖挂大、中型挂车。

（9）运输易燃物品时，严防烟火，须有防火措施。

（10）在道路上会车时，要提前减速让行，使拖拉机和挂车拉成直线，如果需要超越其他车辆时，要充分考虑拖车长度，不可过早驶入正常行驶路线。

（11）拖拉机带挂车应低挡起步，不准在窄路、坡道、弯道、交叉口及桥梁、涵洞等路段高速行驶。车辆列队行驶时，各车之间应保持足够的安全距离。拖带农具和高速行驶时，严禁急速转弯。

（12）拖拉机上、下坡时必须遵守下列规定：①上、下坡前应选择好适当挡位，避免拖拉机在坡道上换挡；②不准曲线行驶，不准急转弯和横坡调头，不准倒挡上坡；③下坡时不准用空挡、熄火或分离离合器等方法滑行；④手扶、履带式拖拉机下坡转向或超越障碍时，要注意反向操作，防止跑偏或自动转向；⑤拖拉机应避免在坡道上停车。必须在坡道停车时，切记锁紧制动器，并采取切实可靠的防滑措施。

（13）拖拉机行经渡口，必须服从渡口管理人员指挥，上、下渡船应慢行。在渡船上须锁定制动，并采取可靠的稳固措施。

（14）拖拉机通过铁路道口时，必须遵守下列规定：①听从道口安全管理人员的指挥；②通过设有道口信号装置的铁路道口时，要遵守道口信号的规定；③通过无信号或无人看守的道口时，须停车瞭望，确认安全后方可通过，切不可使发动机熄火；④不准在道路岔口停留、倒车、超车、掉头。

（15）拖拉机在冰雪和泥泞路上行驶时，须低速行驶，不准急刹车和急转弯。

（16）拖拉机通过漫水路、漫水桥、小河、洼塘时，须察明水情和河床的坚实性，确认安全后通过。

（17）履带式拖拉机或轮式拖拉机悬挂、拖带农具路途运输时，事先应将农具提升到最大高度，用锁定装置将农具固定在运输位置。通过坚硬道路，牵引犁需拆掉抓地板，行车速度不准太快。通过村镇时须有人护行，严防行人和儿童追随、攀登。

（18）拖拉机在行驶中发生"飞车"，应立即停止供油，踏下制动器使发动机熄火。拖拉机停车，发动机"飞车"时，应打开减压，切断供油，并堵塞空气滤清器，迫使发动机熄火。

（19）拖拉机倒车，应选择宽敞平坦地段，倒车时出现主、挂车折叠现象应立即停车，前进拉直后再重新倒车。

（20）夜间作业，必须有完好、齐全可靠的照明设备。

（21）拖拉机停车时，发动机未熄火并未锁紧制动前，不准到拖拉机底下检查、修理和保养机器。

（22）未使用防冻液的发动机在冬季放水，应停车待水温降到70℃以下，方可放水箱、机体内的水。

（四）履带式拖拉机推土作业

（1）发动机工作时，禁止在推土机下工作，起步时应通知周围其他人员。

（2）推土机行驶时，在推土铲臂上禁止站人，禁止在行驶中进行维护、修理。

（3）推土机作业时，驾驶员不准与地上人员传递物件，不准在驾驶室、脚踏板、手柄周围堆放物品，操作人员不得擅离职守。

（4）推土机作业时，向深沟推卸土方，推土铲禁止超出沟边，后退时须先换挡后提铲。

（5）不准用推土铲的一侧或猛加油或猛抬离合器踏板等方法，强行推铲硬缚、冻土、石块、树根等坚固物体。

（6）推土机在山区行驶时，不准在陡坡上横行。纵向行驶时，不准急拐弯，下陡坡时应将推土铲降至地面，不准拖着推土铲倒车下坡。

（7）推土作业时，应先清理施工区段内埋没的电杆、树木、管道、石块、墓碑等，填平暗洞、墓穴、坑井后再进场作业，以防事故发生。

（8）坡地作业发生故障或机车熄火时，必须先将推土铲降至地面，踏下并锁住制动踏板，在履带前后用石块或三角木垫牢，然后进行检修和启动发动机等工作。

（9）禁止推土铲升起后在推土铲下观察和工作。

（10）推土机经过公路路面时应装车转移。

（五）联合收割机收割作业

（1）收割机作业前，须对道路、田间进行勘查，对危险路段和障碍物设置醒目标识。

（2）对收割机进行维护保养、检修、排除故障时，必须切断动力或在发动机熄火后进行，切割器和脱粒滚筒同时堵塞或发生故障时，应先清理切割器再清理脱粒滚筒，在清理切割器时严禁转动滚筒。

（3）在收割台下进行机械保养或检修时，须提升收割台，并用安全托架或垫块支撑稳固。

（4）卸粮时，接粮人员不可将手伸入出粮口，不准用铁器等工具伸入粮仓。

（5）收割机秸秆粉碎装置的刀片应安装正确可靠，作业时严禁在收割机后站人。

（6）长距离转移地块或跨区作业前，须卸空仓内的谷物，将收割台提升到最高位置予以锁定，不准在集草箱内堆放货物。

（7）收割机械须备有灭火器等防火灭火用具，夜间保养机械或加燃油时不准用明火照明。

二、农业机械安全技术条件

（一）整机的安全技术条件

（1）农业机械应按照经规定程序批准的产品图样和设计文件制造。

（2）农业机械的商标或厂标、出厂标牌、出厂编号及装置等应符合国标或行业标准的有关规定。

（3）外观整洁，机件、仪表、铅封及附属设备齐全完好，联结紧固，操作灵便，离合器、制动器和油门的踏板能自动回位，各部不得有妨碍操作、影响安全及限制原机性能的改装。

（4）各管道接头、阀门、密封垫圈、油封、水封螺塞及结合面垫片齐全完好，接合严密，不漏油，不漏气，不漏水。

（5）凡能引起伤害的运动件如启动爪、风扇、V带、带轮、传动链、万向轴、动力输出轴等，与人体可能接触的方位，须设置防护板、罩、套或防护栏。

（二）发动机的安全技术条件

（1）发动机应动力性能良好，运转平稳，怠速稳定，机油压力正常。

（2）发动机的功率，新车和在用车均不得低于原标定功率的80%。

（3）发动机的燃油消耗，新车和在用车均不得高于原标定的15%。

（4）怠速及最高空转转速正常，运转平稳，没有异响；关闭油门或拉出熄火拉钮，即能停止运转。

（5）正常工作时的水温、机油温度、机油压力及燃油压力等数据符合规定。

（三）传动系的安全技术条件

（1）离合器、变速箱、后桥、最终传动箱、动力输出装置及启动机传动机构的外壳无裂纹，运转时无异响、无异常温升现象。

（2）离合器踏板的自由行程符合规定要求，分离彻底，接合平稳，不打滑，不抖动。

（3）万向节、联轴器、传动轴装配正确，配合良好；传动用 V 带、滚子链安装正确，松紧恰当。

（4）变速器互锁装置应有效，不得有乱挡和自行跳挡现象；换挡时操作灵活，变速杆不得与其他部件发生干涉。

（5）差速锁的作用可靠，手柄或踏板回位应迅速，无卡滞现象。

（四）车架及行走系的安全技术条件

（1）车架完整，不变形，无裂纹及严重锈蚀现象。

（2）前桥不变形，无裂纹；后桥外壳及发动机支架无裂纹。

（3）轮毂完好，安装松紧适度。

（4）轮毂、辐板、锁圈无裂纹，不变形，螺母齐全，紧固可靠。

（5）轮胎型号应符合原车规定，不准内垫外包，不准装用轮胎花纹磨平的驱动轮和轮胎纹高度低于 3.2mm 的导向轮。轮胎胎壁和胎面不应有露线及长度大于 25mm、深度足以暴露出帘布层的破裂和割伤。

（6）驱动轮胎纹方向不得装反（沙漠中除外），同一轴上的左右轮胎型号、胎纹相同，磨损程度大致相等；轮胎气压符合规定要求，左右一致；轮胎的原有配重必须齐全；前后轮应按出厂轮距设置挡泥板；前轮前束值必须符合原机规定；从事运输作业的拖拉机，不准装用高胎纹轮胎。

（五）转向系统的安全技术条件

（1）在平坦、干硬的道路上转向轻便灵活，不得有摆动、跑偏及其他异常现象。

（2）转向圆半径或最小转弯半径符合规定参数。

（3）转向垂臂、转向节臂及转向纵、横拉杆连接可靠不变形，球头间隙及前轮轴承间隙适当，在平坦道路区段高速行驶时，前轮不得有目测能见的摆动。

（4）全液压导向轮从一侧极限位置转到另一侧极限位置时，转向盘转数不得超过 5 圈。

（5）液压转向系油位正常，油品合格，各处不渗漏，油路中无空气。

（六）制动系统的安全技术条件

（1）制动器左右踏板必须有可靠的联锁装置和定位装置。

（2）制动踏板的自由行程应符合规定要求；制动应平稳、灵敏、可靠，两侧制动器的制动能力应基本一致，左右踏板的脚蹬面应位于同一平面上。

（3）采用液压式制动系的拖拉机，制动油位应正常，油品要合格，油路不得漏油或进气。

（4）拖拉机单车制动锁定后，应能沿上坡及下坡方向停驻在坡度为 20% 的纵向干硬坡道上。

（七）灯光信号及其他电气装置的安全技术条件

（1）电气装置应安装牢固可靠；所有开关操作方便，开关自如，不得因震动而自行接通或关闭。

（2）电气设备及线路不得产生短路或断路；照明和信号装置的任何一个线路如果出故障，不得影响其他线路正常工作。

（3）发电机工作良好，蓄电池应保持常态电压；电系导线均须捆扎成束，布置整齐，固定卡紧，接头牢靠并有绝缘封套；在导线穿越孔洞时，需设绝缘套管。

（4）雾灯不得少于 1 只，安装在车前，上缘高度不超过前照灯；前照灯为黄色时，可不装雾灯。后牌照灯 1 只，灯亮时能照清整个后牌照。后牌照灯的生理可见度，夜间好天气时 20m 内能看清牌照字码。

（5）仪表灯不少于 1 只，能照清仪表板上所有的仪表，而且不眩目。

（6）前照灯应装有远、近光变换装置，夜间远光亮时，能照清前方的距离应是每秒最高车速的 5~7 倍；近光亮时，所有远光应能同时熄灭。

（7）前位灯、后位灯、挂车标志灯、牌照灯、仪表灯能同时启闭，当前照灯启闭及发动机熄灭时均能点亮。

（8）前位灯、后位灯、转向信号灯、制动灯等可以相互或与其他灯共用双丝灯泡，但亮度须符合各灯的功能要求。

（9）驾驶室仪表板上应设置与行驶方向相应的转向指示灯。

（10）驾驶室必须安装灵敏有效的自动刮水器，并设置遮阳装置。

（八）液压悬挂及牵引装置

（1）液压悬挂机构工作灵敏，升降时不得有噪声及抖动现象。

（2）液压系统油位正常，在工作压力下各部接头、接缝处不应漏油、渗油。

（3）分置式液压系统升降操纵手柄应能保持在"中立"或"浮动"位置上，当油缸活塞上升到极限位置时，手柄应自动回到"中立"位置。

（4）半分置式和整体式液压系统操纵手柄应能灵便移动。手柄操纵反应符合扇形板上的标准位置。

（5）液压悬挂及牵引装置各杆件无裂纹、无损坏、不变形，调整适当，限位链、安全链及各插销、锁销齐全完好，各销孔无异常磨损。

（九）驾驶室、外罩壳及其他的安全技术条件

（1）门窗启闭应轻便，能严密关闭。

（2）驾驶室内、外部及外罩壳上，不得有任何使人致伤的尖锐凸起物，其非金属件应具有较高抗燃烧的能力。

（3）驾驶室四周视野应良好，前挡风玻璃必须采用透明度良好的安全玻璃，不准使用有机玻璃和普通玻璃。

（4）驾驶员座椅要舒适，稳固牢靠，前后可调整。

（5）驾驶室内各操纵机件布置合理，操纵方便。

（6）在拖拉机前面的中部或右部及后面的中部或左部必须设置号

牌座。

（7）前部左右边各装一面后视镜，位置应适宜，镜中影像应清晰，能够看清车身后方的交通及农具工作情况。

（8）燃油箱、蓄电池不得安装在驾驶室内，与排气管之间的距离不得小于300mm，或设置有效的隔热装置。

（9）排气管出口的安装位置及方向，应保证所排出的废气无碍于驾驶员或其他操作者的健康。

（10）容易引起烫伤的暴露零部件，应采取防护措施，确保无意接触时的安全。

（11）外部颜色要协调，不影响安全及观瞻。

第三节　农机使用技术

一、农机具零部件伪劣产品的识别

农机具产品质量参差不齐，假冒伪劣产品时有出现，但在购买农机具及其配件时，只要用心观察即可识别属于质量不高的产品或是伪劣产品或是旧件翻新。

（一）零部件质量的识别要领

1. 查看零件规格型号是否合适

大多数农机零配件都有规定的型号和技术参数，如电器设备电流、电压、功率；传动皮带的型号和周长；轴承、油封的类别；螺栓（母）的螺纹、螺距及旋向等。以免错买错装造成不应有的损失。

2. 观察商标标识是否齐全

正宗产品的外包装质量好，包装盒上字迹清晰，套印色彩鲜明，包装箱、盒上应标有产品名称、规格型号、数量、注册商标、厂名厂址及电话号码等，某些厂家还在配件上打印了厂标等标记，大型或重要零部件还配有使用说明书，以指导用户正确使用维护。选购时应认清，以防买了假冒伪劣产品。

3. 检查零件是否变形

对薄壁、细长杆状零件因为制造、运输、存放不当容易产生变形，购买时应注意检查几何尺寸及形状是否合格。

4. 检验结合部位是否平整

零配件在搬运、存放过程中，由于震动、磕碰常会出现毛刺、压痕、破损或裂纹而影响零件的使用，选购时应注意检查。

5. 观看零件表面有无锈蚀

合格的零配件表面，既有一定的精度又有锃亮的光洁度，越是重要的零配件，表面精度越高；包装、防锈、防腐也越严格。选购时若发现零件有锈蚀斑点，霉变斑点，橡胶件龟裂、失去弹性，轴颈、轴套表面有明显车刀纹路，应该予以调换。

6. 观察零件表面防护层是否完好

大多数零件在出厂时都涂有防护层，如活塞销、轴瓦的石蜡保护层；活塞、活塞环、缸套表面涂防锈油并用包装纸包裹等，选购时若发现防护层破损、包装纸丢失，防锈油或石蜡流失，应予退换。

7. 检查连接件是否松动

由两个或两个以上零件通过压装、胶接或焊接而成的部件，零件间不允许有松动现象，如油泵柱塞与调节臂通过压装组合；离合器从动毂与钢片采用铆接，摩擦片与钢片采用铆接或胶接连接等，选购时若发现有松动，应予调换。

8. 检查转动部件是否灵活

选购机油泵、液压泵总成时，用手转动泵轴，应感到灵活无卡滞；选购喷油泵总成，在拨动调节臂时，柱塞应能在柱塞套中灵活转动，推压滚轮时，柱塞应能在弹簧作用下自动回位等。

9. 检查总成部件有无缺件

在选购喷油器总成时，应检查回油接头密封铜垫、挺杆内小钢球等小零件有无漏装；选购喷油泵总成时，应查看柱塞套定位螺钉密封垫、滚轮体定位销等小零件有无遗漏等。

10. 检查装配记号是否清晰

为确保配合件的装置关系，满足特殊的技术要求，在零件表面刻有装配记号。若装配无记号或记号模糊而无法辨认，将给装配带来很大困难，甚至导致重大事故。

11. 观看配合表面有无磨损

若零件配合表面有磨损痕迹，或涂漆配件拨开表层油漆后发现旧漆，则多为经过处理的废旧件，应要求退换。

12. 检查零件表面硬度是否达标

各配合件表面硬度都有规定的要求，在确定购买并与商家商妥后，可用钢锯条的断茬或划针试划，划时打滑无痕迹的硬度高，划后稍有浅痕的硬度较高，划后有明显痕迹的硬度低。

（二）伪劣农机产品的识别

1. 伪劣农机产品的主要特征

（1）伪劣农机产品一般技术文件资料不全，文件资料简单、不规范，不按规定内容编写，没有厂名、厂址或假厂名、假厂址。

（2）伪劣农机产品存在着外观粗糙，包装简陋，用料质劣，图标、字体印刷模糊或不清晰，标色不规范等问题。

（3）伪劣农机产品一般使用不符合要求的材料生产，粗制滥造，有些甚至夹屑带刺，一些有棱边倒角的零配件其棱角粗糙、崩缺、线性模糊、不连贯、不笔直；需要热处理的零配件没有进行热处理，硬度低，色泽浅，光洁度差；零配件不做防锈处理，锈蚀严重。

2. 整机的判别

（1）伪劣产品一般外表面粗糙、喷涂不均匀、涂层较薄，甚至有剥离脱落现象。

（2）劣质产品的连接件不按要求用料，刚度和强度不足，连接不牢靠，甚至松脱。

（3）旋转配合件表面加工精度差，旋转时不均匀，间中伴有冲击声，噪声大。

（4）各种接合件配合不匀称，表面棱边倒角粗糙，线性模糊、不连贯，有崩缺等。

（5）电器、开关件用料单薄，连线松脱或接触不牢固，导线用料不符合要求，导电和绝缘性能差，火、零线无颜色标志区分，无接地（零）或接地（零）不规范、不牢靠等。

3. 旧机翻新的判别

（1）旧机翻新大多是将整机连同所有的零部件一同喷涂翻新，整机统一漆色，问题暴露明显。

（2）重要外置配件一般装有原厂标志，擦开主机铭牌和重要配件标志，比较重要配件与主机的新旧或生产日期的差异，便能识别整机的真伪。

（3）磨损和油垢判别。旧机翻新一般翻易不翻难。以柴油机为例，可以从检视窗观测装在飞轮上的启动齿圈或观测启动机的启动齿轮，旧机轮齿的棱边倒角已经磨损，轮齿变尖；也可简单拆开曲轴箱盖板观测曲轴、连杆的新旧。同时观看箱体内壁，旧机箱体内壁积存的黑色油垢不易清洗，可供辨别。

遇有农机产品的质量问题，可向农机投诉站投诉。同时向当地农机管理部门、质量监督、工商管理等部门反映。

二、农机具故障快速诊断与应急措施

（一）机器故障的形成

1. 机器故障的概念

拖拉机、汽车及农机具在使用过程中，其技术性能逐渐变坏，失去正常工作能力，出现工作不正常，甚至不能工作的现象，称为机器的故障。例如发动机功率下降，排气管冒浓烟，启动困难，个别汽缸不工作，离合器打滑或分离不彻底，变速器挂挡困难、跳挡和乱挡，制动器制动不灵或制动跑偏，播种质量下降等。

2. 机器故障的形成

机器由很多零件、组合件、部件及总成按照一定的技术条件组合而成，相互之间有严格的配合关系。配合关系一旦破坏，以及零件工作性能出现缺陷，就会形成机器的故障。

（1）零件的配合关系破坏。主要指零件之间的配合间隙或过盈关系破坏，例如汽缸壁与活塞配合间隙过大，气门与气门座之间密封不严，会降低压缩压力使发动机功率下降；曲轴轴颈与轴瓦间隙过大，会产生异响；转向器啮合传动副间隙过大，会造成转向不灵。

（2）零件之间相互位置关系破坏。主要指结构复杂的零件或基础件，如汽缸体、变速器及后桥壳体发生变形，轴承承孔偏磨，造成零件之间的同轴度、平行度、垂直度等遭到破坏，而使机器不能正常工作。

（3）零件及各机构间的相互性能关系破坏。如配气相位、供油时间不正确，喷油泵磨损供油量不均匀，喷油压力不一致，制动器左右制动力不相等，都会影响机器的性能。

（4）零件工作性能出现缺陷。主要指零件几何形状、表面质量、材料性质等的变化。如汽缸体、缸盖破裂，燃烧室积炭，气门弹簧、离合器弹簧弹力下降，电气设备绝缘被击穿，油封橡胶材料老化等，都会使机器形成故障。

（二）机器故障形成的原因

机器故障是因零件间的相互关系破坏和零件工作性能缺陷而形成。其原因有以下几个方面。

1. 机器的运行条件差

机器在运行过程中，由于超载作业、操作不当、行驶速度过高、道路凹凸不平以及气候恶劣等使用条件的影响，会加剧零件或总成的损伤，是产生故障的重要原因。

2. 制造维修不当使零件的加工装配质量差

零件在制造和修理加工时，没有严格执行工艺规范，零件的尺寸公差、形位公差和表面粗糙度没有达到设计的技术要求，勉强凑合使用，就破坏了零件表面应有的几何形状和机械性能，使装配零件的相互关系和位置发生变化，造成机器的技术性能差，容易使零件产生早期损伤。零件在装配过程中，不按工艺规范操作，或缺乏必要的检测手段，导致零件选配不当，相互位置关系及配合间隙调整不当，零件未清洗干净，润滑不良，拧紧扭矩不符合要求等，使装配质量差，使用中容易早期损坏而产生故障。在机器使用过程中没有及时按要求进行维护，也会加剧零件的损坏，使技术性能更加恶化。

3. 零件的自然损坏

在机器使用过程中，零件会产生磨损、疲劳和变形等自然损坏现象而形成故障。这类损坏形成的故障虽然不能避免，但可掌握其规律，通过严格执行维修制度和正确使用机器是可以减轻的。

（三）机器技术诊断

机器技术诊断是指在不解体（或拆卸个别小件）的条件下，确定机器技术状况，查明故障部位及原因。目前常采用以下 3 种诊断方法：人工直观诊断法、仪器设备诊断法和故障树分析法。

1. 人工直观诊断法

人工直观诊断法是通过对机器的观察和感觉，或者采用简单工具来确定机器的技术状态和故障。诊断时通过问、看、嗅、摸、敲、试、听等方法，弄清故障现象，然后由简到繁、由表及里，逐步深入，进行推理分析，最后作出判断。

（1）问。向驾驶员问询有关情况，如车辆行驶里程、使用年限、维修情况、故障发生之前有何预兆及故障发生过程等。

（2）看。通过观察可以查明机构、总成和零件的状况，如连接是否松动，配合件的位置关系是否改变，有无漏油、漏水、漏气现象，排气烟色及仪表指示的读数是否正常，润滑油面高度，再结合其他有关情况的分析，就可以判断机器的工作情况。如排气冒黑烟，表明燃烧不良，喷油泵和喷油器有故障；排气冒蓝烟，表明有烧机油的现象。

（3）嗅。嗅闻机器运行中散发出的某些特殊气味来判断故障部位。如有生汽油味，表明有漏油或燃烧不良；有焦臭味，可能是电气线路短路绝缘烧焦，或离合器、制动器摩擦衬片发热烧毁。

（4）摸。用手触摸可能产生故障部位的温度、振动情况等。如用手触摸各缸火花塞、喷油器（熄火后）的温度可知各缸的工作情况；用手触摸高压油管的脉动情况，可判断喷油泵和喷油器的工作情况；

用手触摸轴承、变速器、制动鼓等，察觉振动与发热情况，可判断其有无故障。一般用手感觉到机件发热时，温度约在40℃，感到烫手但还能触摸几分钟，则在50~60℃，如果刚一触及就烫得不能忍受，则在80℃以上。应用此方法诊断时，应注意安全。

（5）敲。用手锤轻轻敲击故障部位，并听发出的声音，可以判断连接的紧固程度，焊接处的强度，轴承合金贴合的紧密性，零件有无破裂以及轮胎气压高低等情况。如果连接贴合紧密、无破裂，轮胎气压高，敲击声音是清脆的，反之则是沙哑的。

（6）试。就是进行试验验证。检验人员可亲自试车体验故障情况，可用单缸断火法判断不工作的汽缸，或判断发动机异响部位等；可用更换零件或调整法来证实故障部位。

（7）听。凭听觉判别机器的声响，确定有无异响，判定异响的部位。明显的异响，可凭耳朵直接听察；混杂难辨的异响，可用听诊器或借助于长把旋具、金属棒抵触相应的部位以提高听诊效果。听诊的要领有以下几点：①听诊之前应尽量使发动机各缸都能工作，如果有一个或几个汽缸断火或间歇断火，反常声音必然相互混杂，加之发动机运转时正常声音的合鸣，将会给判断造成困难；②听诊时应将听诊器的受音触头或旋具、金属棒的尖端接触到要听诊的部位。为了分析故障的位置，可在各缸相应部位反复听诊，通过比较、分析来判断故障。

2. 仪器设备诊断法

仪器设备诊断法是在总成不解体条件下，用测试仪表与检验设备来确定机器的技术状况和故障，并以室内的道路条件模拟机械设备来代替路试的一种科学的诊断方法。

这种诊断方法具有诊断故障快、准确，不需解体，能发现隐蔽故障等优点，但需要采用多种设备，投资较大。常用的仪器设备有发动机综合检测仪、发动机测功仪、真空度检测仪、机油分析仪、汽车专用示波器、底盘测功机、传动系异响及角隙检测仪、前轮定位检测仪、车轮动平衡检测仪以及车辆安全检测线。此外，还可以用一些仪表仪具对发动机技术状态进行不解体检查，如汽缸压力、机油消耗量、机油压力、进气管真空度、曲轴箱窜气量等的检查。

3. 故障树分析法

故障树分析法就是分析故障的一种图形分析方法，如图 8-1 所示。故障树反映了系统故障与各种基本故障的逻辑关系，为迅速排除故障提供依据。利用故障树可找出系统故障的故障谱，再进一步找出系统的最薄弱环节，便于加强对薄弱环节的检查及维护，以提高机器使用的可靠性。

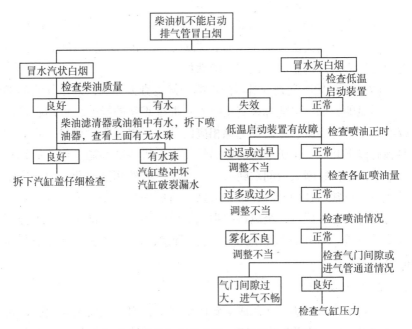

图 8-1　柴油机不能启动、排白烟的故障树

(四) 农机修理小技巧

1. 轮胎跑慢气的防治

取两汤匙滑石粉，拔下轮胎气门芯放气，用硬纸壳做一小漏斗插在气门上，将滑石粉灌入内胎。然后装好气门芯充足气，滑石粉呈弥漫状附在内胎壁上，阻挡微小气孔漏气。柴油机不能启动、排白烟的故障树如图 8-1 所示。

2. 高压油管头漏油急救措施

高压油管两端的凸球状接头与喷油器、出油阀凹球面起定位、密封、连接作用。一旦接触面磨损漏油，可用废旧汽缸垫的铜皮剪一圆形，中间冲一小孔，垫在凸球头与下凹球面之间。

3. 铁质空气滤芯污物的清除

铁质空气滤芯用柴油很难洗净时，沾点柴油点火燃烧，熄火冷却后，用木棍敲击滤芯使烟尘脱落，再用清洁柴油即可彻底清除滤芯内外的污物。

4. 巧拆减速齿轮外弹力挡圈

农机具中诸如变速箱内齿轮、轴承等零件的弹力挡圈，在没有专用工具时，取一根细铁丝，一端系在挡圈的小孔上，另一端用起子绕好，紧紧拉住，然后正反转动齿轮轴，即可将挡圈轻易拆下。

5. 活塞环弹力的简易检测

维护内燃机需检测活塞环弹力时，取一同型号的新环，与需检测的旧环按圆周垂直叠放在一起，并使两环开口处同一水平位置。用手按压两环，比较两环开口闭合情况，可判别旧环弹力。

6. 不停机清除水箱水垢

每班工作前，先往水箱内加少许食用醋，工作结束后放尽冷却水，加入清洁干净的冷却水和少许食用碱，下一班工作结束后放尽，再加入清水空转数分钟，便可清除水垢。若水垢严重，可重复上述过程，至冷却水清澈为止。

（五）内燃机动力性能的不解体检测

柴油机的动力性与汽缸的密封状况和柴油供给系的供油质量有着直接的对应关系。当汽缸的密封性能、柴油供给系的供油质量发生变坏时，对应的汽缸的压力、供油压力也随之发生变化，因此内燃机动力性能可用压力表测定其压力变化，即可准确地分析、判断引起内燃机动力性能变化的主要原因，以便采取相应维护修理措施。

1. 汽缸压力的检测

拆所有汽缸的喷油嘴，装上压力量程为 0~5 884kPa（千帕）

（1kgf/cm² = 98kPa）的汽缸压力表。用启动机带动发动机运转，压力表指示的最大值就是所测汽缸压缩终了时的压力值。按同样的方法，测出其他汽缸的压力。将各汽缸压力的实测值与标准值比较，若实测数值低于标准值，则汽缸密封性能下降。

2. 柴油机燃油供给系供油质量的检测

柴油机的喷油泵是柴油机最精密的总成，供油质量检测需由专业人员在专业设备上进行。

第四节　农机维修保养

农业机械是一种结构相对复杂、工作条件恶劣的专门化生产工具；农机具操作人员的使用技术水平和专业知识差别较大。随着使用时间的延长，农机具的使用性能也逐渐下降，甚至引发故障。做好农机具的维修保养是确保农机技术服务的重要环节。

机具的维修保养即机具的维护保养和故障修理。机具的维护保养是指机具在使用过程中，为使机具保持良好的技术状况，由机手或专业维修技术人员定期对机具施行清洗、检查、补给、紧固、润滑、调整、更换损毁零件预防故障发生所采取的技术措施。

故障修理是指农机具在运行中已经出现故障，或农机具使用到某一规定的使用时期，其技术性能不经修复不能满足使用要求时，由专业维修人员对机具实行解体拆卸，经过对零部件的技术检验、修复或更换损毁零件后，重新装配调试，使机具恢复到原厂规定的技术性能而采取的技术措施。

一、农机具的维护保养

（一）农机具维护保养的概念

农业动力机械是技术成熟的标准化产品，其维护保养周期、维护工艺规范、维护质量要求都有严格的规定，使用中务必参照执行。

农机具的维护保养应遵循"防重于治、养重于修"的原则。属于已经定型的、推广使用的农机具产品，在农机具使用说明书中，均有维护保养周期、维护保养内容、维护操作要领、维护质量要求的相关内容，供农机具的操作人员或维护保养专业人员参考。

（二）农机具维护保养技术要求

农用动力机械（内燃机）做到四不漏（不漏油、不漏水、不漏气、不漏电）、五净（油、水、气、机器、工具）、六封闭（柴油箱口、汽油箱口、机油加注口、机油检视口、汽化器、磁电机）、一完好（技术状态完好）。

配套农具应做到三灵活（操作灵活、转动灵活、升降灵活）、五不（不旷、不钝、不变形、不锈蚀、不缺件）、一完好（技术状态完好）。

二、农业机械的修理

拖拉机、汽车、内燃机大修，必须由具有大修能力和具有维修资质（持有"维修技术合格证书"）的农机修配厂承担。农机修配厂要保证大修机具达到质量验收标准规定的功率、耗油率等技术经济指标，实行三包，并有明确的保修期限。根据农机作业需要，对农业机械的技术状态进行定期检查，保证及时修理。小型拖拉机可实行定期检测、按需修理的办法。

在农机具的维护修理中，难免有因维修质量而引起质量纠纷，为了保护农民的合法利益，我国农机主管部门会同工商管理部门就规范农机维修行为、加强维修企业管理和保证维修服务质量制定了相应的管理监督办法，农机用户可以依照这些办法选择合适的维修单位或个体修理户。

目前，我国的农机产品维修服务企业可以划分为两种形式：一是农机产品制造厂商在各地设立的特约维修服务站（点），主要负责所产机具的售后服务及换件修理等；二是农机主管部门会同工商管理部门核准的农机维修单位和修理专业户。

农机具需要送修时，首先应考虑送农机具生产厂商的特约维修服务站（点）维修，其次可考虑到具有维修资质（持有"维修技术合格证书"）的修理服务单位或专业户维修。这样，若发生修理质量纠纷时，可以通过正规渠道予以解决。

从事农机维修的单位和个人（简称农机维修者）必须具备相应的维修设备和检测仪器，经县农机管理部门审核，取得技术合格证，办理营业执照后，方可从事农机维修业务。并接受农业机械管理部门对其维修技术等级和维修设备年度审验。

农机维修者必须依照农机维修技术标准进行维修，保证维修质量。农机维修技术标准由省农机管理部门制定，报省技术监督部门备案。农业机械维修收费标准，由省物价部门会同省农业机械管理部门制定。

农机维修实行保修期制度，动力机械保修期，从维修竣工出厂之日起不少于6个月，其他农机保修期，从维修竣工出厂之日起不少于3个月。在保修期内正常使用情况下出现修理部位质量缺陷的，农机维修者应当负责返修，给用户造成损失的，应当给予赔偿。

各级农机维修网点应严格执行农业机械修理工艺规程及修理质量技术标准；农机修配厂要加强修理设备的管理和维修，保证设备精度，提高设备利用率。

农机用户应按农机具的使用说明切实做好农机具的日常维护，使用中严格遵守操作规程，不超速不超载，避免因使用不当而加速机具的损坏。农机具出现故障要及时进行排除和修理，不允许机具带病作业，以免发生机具损毁或伤人事故。

参考文献

蔡生力，2021. 水产养殖概论［M］. 北京：中国农业出版社.

崔茂盛，段建兵，王立东，2020. 畜牧业养殖实用技术研究［M］. 北京：中国农业科学技术出版社.

黄玲，马浏扬，胡兵，2022. 常见农作物生产技术［M］. 北京：中国农业出版社.

马金翠，张会敏，2022. 设施蔬菜标准化生产技术［M］. 北京：中国农业出版社.

彭茂辉，陈吉裕，2020. 果蔬种植实用手册［M］. 重庆：重庆大学出版社.

孙耀辉，2021. 动物繁殖技术［M］. 北京：北京师范大学出版社.

熊红利，张礼生，2021. 农作物植保员［M］. 北京：中国农业出版社.

徐岩，马占飞，马建英，2022. 农机维修养护与农业栽培技术［M］. 长春：吉林科学技术出版社.

杨先乐，2022. 水产养殖水色及其调控图谱［M］. 北京：海洋出版社.

袁天翔，姜淑妍，刘莹，2020. 动物繁殖学［M］. 北京：中国农业科学技术出版社.

张红梅，康维嘉，2022. 农机新技术培训教材［M］. 北京：中国农业科学技术出版社.

张彦玲，王欣，张伟锋，2022. 北方果树栽培与病虫害防治实用技术［M］. 北京：中国农业科学技术出版社.